古碧玲——著

台灣環境教育協會——主編

當永續列車駛進森川里海

The Ecological Basis of
Sustainable Development:
What Every Person and Organisation
Needs to Know

PART 3 ————————
從商業經營與地方創生角度維護自然永續

目錄

CONTENTS

當永續列車
駛進
森川里海

目錄

守護森川里海，邁向永續未來

　　永續，正如迎面而來的列車，駛往人類與自然存續的唯一方向，勢不可擋。古總編輯的這本書，在人人言必稱「永續」，卻未必盡窺其意的當下，正是一本切合當前時勢的重要著作。

　　2022 年 12 月我國公布 2050 淨零轉型之階段目標及關鍵戰略，企業皆積極投入減碳、碳中和或碳抵消等方式以達到淨零目標，從原本自願性的 CSR 實踐，快速調整為落實公司治理，確保企業競爭力以提升企業永續發展之關注面向。同樣來自聯合國倡議的國際環境政策概念，尚有氣候變遷的減緩與調適、生物多樣性保育、永續發展目標（SDGs）等。企業如果無法跟上世界潮流，將會面臨被淘汰的危機，無論公、私部門面對這波永續浪潮，皆無法置身事外。

　　林務局自改制為「林業及自然保育署」後，以「永續林業、生態臺灣」為願景，揭櫫完整的自然生態系服務價值，體現自

當永續列車
駛進
森川里海

出版序

然永續的國際趨勢。為提升森林與自然碳匯，規劃「公司團體參與自然碳匯與生物多樣性保育專案媒合平臺」，謀求民間企業及團體、林農與減碳三贏。推動里山倡議與國土生態綠網，亦是淨零轉型、氣候變遷、SDGs 及生物多樣性等國際議題在地實踐的具體展現。在臺灣里山倡議多年的推動下，守護里山、友善耕作以及採取林下經濟的混農林業等所產生自然碳匯的土地，亦深具增加碳匯的潛力。這也與 2022 年聯合國生物多樣性公約「昆明—蒙特婁全球生物多樣性框架」23 個短期目標所倡導的「氣候變遷調適與減災」與「增益生態系服務功能」不謀而合。

而在維護森林資源與生物多樣性的前提下，透過山村綠色經濟，關照倚賴森林生活者的生計，共享森林生態系服務價值，更是回應 SDGs 的多項目標：例如透過發展多元綠色森林產業，讓林農與部落居民有穩定收益，安定生計，實現 SDG 2 消除飢餓；維護森林共享

優質水源，體現 SDG 6 潔淨水與衛生；建構山村社區共生共榮的森林經營模式，維護山村傳統生態智識，係回應 SDG 8 尊嚴就業與經濟發展；透過創新構想或技術，開發創新的林產品，則實現 SDG 9 產業創新與基礎設施。

　　值得一提的是，國有森林與原住民族傳統領域諸多重疊，但由於相關法令未能顧及原住民傳統生活與文化的需求，導致原住民族與山林治理機關的衝突不斷，仇恨的藤蔓相互糾葛。2018 年林業保育署與賽夏族簽署夥伴關係，並循賽夏傳統儀式舉行「和解 SaSiyoS 儀式」，旋即與賽夏族開展一連串包含山林巡守、生態復育、文化復振及綠色山村經濟的合作模式。2022 年賽夏族更以合作社身分獲准加入國際里山倡議夥伴關係網絡（IPSI）會員，成為全臺首例加入 IPSI 的原住民族合作社。2023 年更將歷年依循里山倡議願景及在地行動轉譯成為國際案

當永續列車
駛進
森川里海

出版序

例，並受邀參加第 9 屆里山倡議會員大會，向全球里山倡議夥伴展現與政府山林共管、自然共生的合作歷程與發展，不但踐行里山賽夏的願景目標，更是目標 SDG 17 夥伴關係的見證。

　　古總編輯以縝密而清晰的文筆，將全球永續趨勢與台灣的生態保育永續脈絡結合，讓我們隨著古總編輯，搭上永續列車，駛進森川里海，以自然為解方，一同邁向以生物多樣性為核心的永續未來。

農業部林業及自然保育署署長

要養活全世界的人，
要 1.7 個地球才夠用

　　人類過度消耗地球資源的警訊早在 1990 年代初就出現。當年，全球生態足跡網絡（Global Footprint Network）引用聯合國數據計算後，設計出「地球資源超載日」的生態評估方法，逐年公布該年的超載日以警戒人們資源透支。全球生態足跡網絡公布 2023 年數據時再度強調，我們有足夠的解決方案可以逆轉生態超載。例如，將低碳電力的占比從 39％增至 75％，地球超載日就會推遲 26 天；食物浪費量減半，可以爭取 13 天；推動林木間植的混農林業（tree intercropping）則可延後 2.1 天。

　　人類社會經濟的快速發展以及人口持續增長，大量消耗能源與自然資源，打亂自然環境原本可自行平衡的碳循環系統，導致全球暖化與氣候問題，已是人類永續發展最大威脅之一。聯合國報告指出，全球約有一半的 GDP 產值，必須仰賴健康的生態系。瑞士再保險公司（Swiss Re）的報告更說明全球超過一半的 GDP 產值仰賴地球生物多樣性的支撐。世界銀行更預測，一旦大自然提供的生態系統服務例如昆蟲授粉、海洋魚類提供食物、天然林提供木材等系統崩潰，可能會導致 2030 年全球 GDP 減少 2.7 萬億美元。過去全球商業模式從自然資源：

空氣、土壤、森林、水等取用各種物質作為生產製造的原料，得以建立企業，拓展事業版圖，當生物多樣性不斷流失後，企業也會陷入經營風險。

雖然這樣的警示不斷，但地球自然資源超載的步伐顯然改善還不夠快。倘若生態系統持續超載下去，很難避免氣候變遷所帶來的極端熱浪、森林大火、乾旱和洪水等來襲，這些天災勢必會威脅全球糧食生產，並且加速生態系的影響與崩壞；而首當其衝的將是缺乏韌性的貧窮地區和國家，很可能陷入糧食不安全的惡性循環。此刻，唯有國家、城市和企業都投入加強資源安全，才能裨益於長期發展。

永續議題從環境倡議進階為國家與商業治理最重要課題

近年來，認知到永續與生物多樣性的重要性已不限於各國政府，在臺灣，金管會要求資本額超過 20 億以上的企業必須撰寫永續報告書之後，大型企業對自然資本所提供的生態系服務的風險意識已大幅提高。隨著 2018 年永續議題納入國家發展重大議程與 2022 年宣示「臺灣 2050 淨零排放」且揭露淨零路徑與策略，並旋即於 2023 年 1 月提出「淨零排放路徑 112-115 年綱要計畫」，即使生產供應鏈末端的中小企業，也感受到這股永續潮流襲來，從民間各企管顧問機構開設 SGDs 聯合國永續發展目標與 ESG（Environment、Social、Governance；環境保護、社會責任與公司治理）相關課程的市場熱度，可窺知其重要性以及迫切需求。

公私部門在淨零國家政策之下，必須具體檢視各種部門、各類產業，計算減少碳排放，增加碳匯。不只如此，永續發展目標 SDGs

已明確朝向經濟、社會、環境三面向，企業的 ESG 必須增益環境與自然的保護與經營。過去對企業而言，只要省電惜水的隨手環保，或是員工每年共同從事幾次的 CSR 活動，就是與永續沾上邊。但這回，企業得先自行做碳盤查，不僅要減碳，更要種碳，或購買碳費，才能達到碳中和、碳抵消以及淨零目標。永續揭露成為企業不能迴避的責任，而揭露準則從早期對於碳足跡、水足跡，乃至於氣候相關財務揭露 TCFD，如今已大幅前進至涵蓋提供生態系服務的整個自然，如自然相關財務揭露（TNFD）。如國立中興大學森林系特聘教授柳婉郁所言：「以前談企業社會責任（CSR）是公益性的，現在已經是和生產製造直接相關了。」企業若是無法跟上，就會面臨被淘汰的生存戰。目前已見許多跨國企業都換上「永續腦」投入其間，採取具體行動參與守護生物多樣性。

森川里海是涵養碳匯與發展氣候調適的根本

然而，就在各國陸續公布淨零路徑下，近年全球對於永續治理也有了飛快的進展。企業面臨各國相繼實施邊境碳費的課徵，我國計算碳費的機制與工具尚未完備，在國內碳匯市場供需仍在建構之際，有些企業索性往國外購買碳匯，但這無益於國內氣候行動與生物多樣性；國立臺灣大學地理系周素卿教授提醒：「在市場經濟之下，會發現市場的力量走得非常快。也就是說相較於市場力量的驅動，需要長遠發展的永續發展，如調適的變化速度相對很慢。如果以減緩跟調適來講，政府單位在減緩做得多。」然而談調適，她也認為「調適的多樣性條件

很多元，必須就各種環境發展出明確且可供施行的技術規則。」

而臺灣引進里山倡議、投入林下經濟多年，守護住森川里海的生態，以有機種植護住並優化土壤等，都屬於「調適」層面，這不但是企業碳匯的合作對象，企業投注於創造生物多樣性的共同利益，還能降低價值鏈風險，也是實踐 ESG、提升企業價值等具有多元效益。國立屏東科技大學森林系陳美惠教授就說：「如果企業能夠能促進里山的發展，企業也能從中有所獲得和學習。」

如何設法把企業拉近正在進行的里山倡議之中，周素卿認為儘管臺灣的友善農業規模偏小，但可藉由合作經濟聚沙成塔。集合守護里山、友善耕作以及採取林下經濟的混農林業等所產生碳匯的土地面積。陳美惠也認為，「如此面積就不小，政府可以透過媒合讓必須投入 ESG 的企業專案認購。計算出來的碳權的交易收入給予從事

減緩與調適

「減緩」是指透過減少溫室氣體的排放或將已排放的溫室氣體透過吸收貯存的方式，來降低大氣中溫室氣體的含量，以降低溫室氣體排放對大氣的影響。

「調適」指的是在極端天氣事件與暖化效應下，透過降低人類與生態系統處於氣候變遷與效應下的脆弱度，使得人類與生態系統的負面衝擊最小。

友善農業的農民。」對社區而言，碳匯是附加的，社區不是全靠這些收入，陳美惠說「這也不是友善農業的初衷。」重要的是企業 ESG 的實際參與投入，可透由支持這些小農在生產過程中的人力、經費，或者保全生態多樣性的相關專案，彼此間可以產生實質的連結。陳美惠樂見這樣的新機會：「友善永續生產過程產生碳匯，就可以轉換成碳權，為友善農民帶來收益，等於是雙重的機會。」

健全的生態系服務是永續發展的支柱

森林是最重要的自然資本。森林的破壞後重建，日本有前例在先，歷程近似我國，值得參考。曾於 1666 年的幕府時代頒布森林保護政策，卻在明治維新後瓦解。其後，日本人毫無節制從自然環境取用建築木材與生產資源，導致森林存續岌岌可危，加上二戰大量攫取森林資源供應給軍用物資。及至戰後復甦期，許多里山產業荒棄，甚至大舉開發成住宅聚落，導致生態系統一落千丈。嗣後，日本覺醒，「里山運動」席捲山村，重拾往昔住民對自然資源的適切運用，各地區的自然生態系被逐一恢復，更確保了生物多樣性、對抗暖化等目標。在地居民主動發起里山里海資源調查與分區管理，讓森川里海擔負起涵養乾淨空氣、水資源、野生動物棲息地、環境教育等功能。

早自 1992 年聯合國於巴西里約熱內盧地球高峰會中發布的森林原則（Forest Principle），即已意識到森林可以在永續發展基礎上實踐社會經濟發展，人類必須促進森林的養護管理和永續發展。90 年代末期，由歐洲森林保護部長級會議（Forest

Europe）制定永續森林經營（Sustainable Forest Management, SFM）標準，且被糧食農業組織（FAO）採納，包括 4 項特點：(1)維持森林健全；(2)維護豐富的生物多樣性；(3)經營作業須與環境、經濟、社會文化整合；(4)重視世代之間的公平性。這也顯示人類在永續發展道路上，森林躋列至為關鍵且重要的元素。

在 2021 年聯合國政府間氣候變遷小組（Inter governmental Panel on Climate Change, IPCC）第 6 次報告中提到全球將持續暖化，人類必須立即削減排放，降低大氣中的溫室氣體濃度，才有可能讓失速的暖化列車回到正軌。其中增加森林碳匯被視為必須採取的策略之一。而在臺灣，森林面積約 219.7 萬公頃，覆蓋率達 60.7％，年碳吸存量約 2,140 萬公噸二氧化碳，產生「森林碳匯」的路徑則包含「增加森林面積」、「加強森林經營管理」、「提高國產材利用」等 3 大項策略。

擁抱綠色經濟，邁向永續未來

林務局改組成為「林業及自然保育署」，也更符合自然永續趨勢，面向不限於森林永續，也揭櫫完整的自然生態系服務及價值。署長林華慶曾提出「人好，森林才會好的概念」，在維護森林資源與生物多樣性的前提下，回到山村經濟，致力於關照倚賴森林生活者的生計，並永續共享森林生態系服務價值，最後從山村綠色經濟回應聯合國永續發展目標（SDGs），包括：

❶推動山村綠色產業。包括對應到 SDG 2 消除飢餓，透過發展多元綠色經濟產業，讓林農與部落居民收益穩定，安定生計。SDG 8 尊嚴就業與經濟發展，建構山村社區共生共榮的森林經營模式，

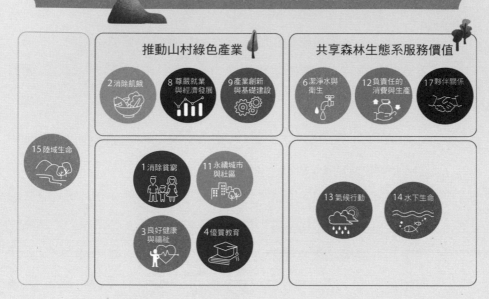

維護森林資源與生物多樣性

推動山村綠色產業

- 2 消除飢餓
- 8 尊嚴就業與經濟發展
- 9 產業創新與基礎建設
- 15 陸域生命
- 1 消除貧窮
- 11 永續城市與社區
- 3 良好健康與福祉
- 4 優質教育

共享森林生態系服務價值

- 6 潔淨水與衛生
- 12 負責任的消費與生產
- 17 夥伴關係
- 13 氣候行動
- 14 水下生命

維護山村傳統生態智識。SDG 9 產業創新與基礎設施,透過創新構想或技術,開發創新的森林、農林副產品。

❷共享森林生態系服務價值。包含 SDG 6 潔淨水與衛生,維護森林共享優質水源;SDG 12 負責任的消費與生產,重振國產木、竹材,推動國產材,輔導生產轉型。SDG 14 水下生命,森林涵養河川與土壤,清淨的水與土壤養分得以滋養豐富的大海生態。SDG 17 夥伴關係,除上述與在地社區相互支持外,同時也透過聯合國「里山倡議國際夥伴關係」(The International Partnership for the Satoyama Initiative, IPSI)進行相關合作與支持。

林業及自然保育署所主張的「人好，森林才會好」重要概念，皆回應聯合國永續發展目標關注 5P，包含關注森林利害關係人（People）、森林永續循環使用（Prosperity）、森林生物多樣性（Planet）、永續林業相關制度（Peace）、森林與整體環境（Partnership），經濟與社會環環相扣的關連性。在在都可以邀請企業共同參與，而企業參與種樹之外，也可以參與支持生態、生產、生活三生合一的里山聚落以及混林農業與生態旅遊並行的社區，甚至投入海岸防風林種植、濕地保育等，從單點聚集成群，回歸到聯合國永續發展目標、氣候變遷脈絡到林保署的永續森林路徑。

永續發展目標 5P

治理（Peace）永續林業相關制度　　17 夥伴關係　　夥伴（Partnership）森林與整體環境

經濟（Prosperity）森林永續循環使用

8 尊嚴就業與經濟發展　　9 產業創新與基礎建設　　　10 減少不平等　　12 負責任的消費與生產

社會（People）關注森林利害關係人

1 消除貧窮　　11 永續城市與社區　　16 公平、正義與和平　　7 可負擔的潔淨能源　　　3 良好健康與福祉　　4 優質教育　　5 性別平權　　2 消除飢餓

環境（Planet）森林生物多樣性

14 水下生命　　15 陸域生命　　　6 潔淨水與衛生　　13 氣候行動

PART

1

全球銳不可擋的生態永續趨勢

SDGs 以 2030 為期
為我們想要的未來設定行動

「你知不知道世界上的珊瑚再過六年就會滅亡？」

「大鵰鴞（Great Horned Owl）的保育等級是『最無須擔憂』。這不是很愚蠢嗎？好像是說，除非牠們全部死光，否則我們不該擔憂。」

「當它們全都消失，情況會是如何？如果只剩下我們呢？結局到底會怎樣？」

by《困惑的心》

讀著獲普立茲文學獎的理察・鮑爾斯（Richard Powers）的《困惑的心（Bewilderment）》，書中的母親艾莉與 9 歲的兒子羅賓急切地想以個人小小的力量做最大的發揮，挽救那些被列在瀕危生物名單的物種。小說家透過文學創作裡的每個角色，將當前環境變遷的惡化歷歷展現在讀者面前，在在讓人想起聯合國 17 項永續發展目標（Sustainable Development Goals, 簡稱 SDGs），想要搶救我們所居住的藍綠星球上的許多物種，還來得及嗎？

維護生態及自然保育不只「利他」，更是「為自己」

　　小羅賓的憂心不是無的放矢。自 1970 年以來，地球的哺乳類、魚類、鳥類、爬蟲類和兩棲類的平均數量減少了六成，全球評估報告更指出目前有一百萬種動植物物種正面臨滅絕的威脅，再度改寫人類史上數量最多的紀錄。

　　再看一個數據，2023 年的「地球超載日」為 8 月 2 日，相較於前一年，延緩了 5 天，顯示人類耗用地球資源的腳步略為放緩些；但我們仍需要 1.7 個地球的資源，才能養活全世界的人口。人類慾望無窮，再繼續放縱無度地消耗地球資源，人類的未來將伊於胡底？若真的把地球資源提前耗用殆盡，提領光了本該屬於後代子孫的份，更是有違世代正義。

　　警訊紅燈亮起的同時，世界上仍有許多有志之士，聯合國的各國代表中更不乏覺悟警醒之士，聲嘶力竭以後浪推前浪地呼籲，所有國家包括已開發及開發中國家必須採取全球夥伴行動，以 2030 年為目標，達成前終止貧窮、消滅飢餓、改善健康與教育、減少不平等、有責任地消費、激勵經濟發展、採取減緩氣候變遷的行動及保育森林及海洋生態系、建立全球夥伴關係。

　　這些看似高遠的目標，其中都暗藏著若不改變，將沒有人是「局外人」的訊號。我們從盛夏氣溫年年攀升的烘烤中，即知氣候變遷已是現在進行式：2023 年，夏威夷茂宜島的野火不止，導致百餘人喪生；2022 年，臺灣的國有林地發生 93 件火災，創下歷史新高紀錄，致使「森林救火隊」疲於奔命。遠近都透露著嚴重乾旱，星點之火即可燎原。

人類並非沒有努力想力挽狂瀾過，國立臺中科技大學通識中心何昕家副教授爬梳人類的生態保育史說：「近五十年來，『永續』應該是最核心的概念。」動物有個本能是不會讓自己的族群邁向滅亡，人類的永續思維其實「是『為自己』在談這件事情，在進化中不斷反思，形成一個脈絡。」1962 年，瑞秋・卡森的著作《寂靜的春天（Silent Spring）》一書問世，劃破了靜謐無聲的春天，何昕家認為此書有個很大的觸發點與突破點，「環境議題浮上檯面，公共參與開始蓬勃發展」，都是被稱為「環境運動之母」的瑞秋・卡森和這本「環境運動聖經」，所帶來兩個極大的影響，也改變了之前如梭羅《湖濱散記（Walden）》僅發生在哲學上的環境意識。

從寂靜的春天到布倫特蘭報告，永續反思與摸索持續超過半世紀

　　1972 年可謂關鍵的一年，《成長的極限（Limits to Growth）》這本由羅馬俱樂部與麻省理工大學合著的研究報告發表，指出：「地球資源是有限的，人類發展無可避免地會有一個自然所能承受的極限」，何昕家認為由此帶動了人們開始嘗試比較聚焦的討論。同年 6 月 5 日，首次《聯合國人類環境會議》在斯德哥爾摩召開，會議中通過決議將每年 6 月 5 日定為世界環境日；同年正式成立了聯合國環境規劃署（United Nations Environment Programme, UNEP），負責協調聯合國的環境計劃與促進國際間的環境保護工作。

　　1980 年代晚期，全球暖化的警訊逐漸躍上頭條新聞。之後《我們共同的未來（Our Common Future）》，也稱為《布倫特蘭報告（Brundtland Report）》一書在 1987 年面世，成為一大的轉折，這

本由聯合國透過牛津大學出版社發行的書，定義了「永續發展」目標是在尋求永續發展的道路上，國家之間的多邊主義和相互依存。目標報告試著將環境問題納入屬於政治發展領域的斯德哥爾摩會議精神。只是人們還是不知道可以做什麼。

直到千禧年，聯合國終於決定未來每 15 年要設定人類邁向永續發展所需要面對的課題，當作努力的方向與目標。2000 年舉辦千禧年會議訂定「千禧年發展目標（Millennium Development Goals, MDGs）」，「現在看到的 SDGs，就是隔了 15 年，2015 年訂定的『永續發展目標（Sustainable Development Goals, SDGs）』，每 15 年會做個滾動修正，以作為人類下一個 15 年的努力方向。」何昕家認為名詞看來會不斷改變，「但永續絕對是最核心的思維。」

變動的時代，永遠有新挑戰，唯永續是不變的核心概念

聯合國 2000 年訂定的「千禧年發展目標」，以 2015 年為期訂有 8 個目標，主要著重於協助重債國家清償 400 至 550 億美元債務，使他們能夠重新將資源投入改善健康、教育、性別平等以及緩解貧困，同時也確保環境的永續性。何昕家指出，「這份宣言中看似發展中國家的課題，後來卻發現這是全地球公民都要面對的。這 8 個課題並沒有納入經濟課題。」

沒有經濟面向，勢必只能讓資源困頓的發展中國家處於被動等待援助的局面，無法從根本改善各種挑戰。因此到了 2015 年聯合國通過的 17 項永續發展目標 （Sustainable Development Goals, SDGs），下分 169 個細項目標（SDGs Targets），並且

永續發展的脈絡

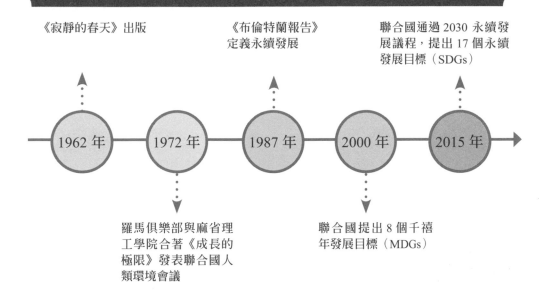

《寂靜的春天》出版

《布倫特蘭報告》
定義永續發展

聯合國通過 2030 永續發
展議程，提出 17 個永續
發展目標（SDGs）

| 1962 年 | 1972 年 | 1987 年 | 2000 年 | 2015 年 |

羅馬俱樂部與麻省理
工學院合著《成長的
極限》發表聯合國人
類環境會議

聯合國提出 8 個千禧
年發展目標（MDGs）

千禧年發展目標

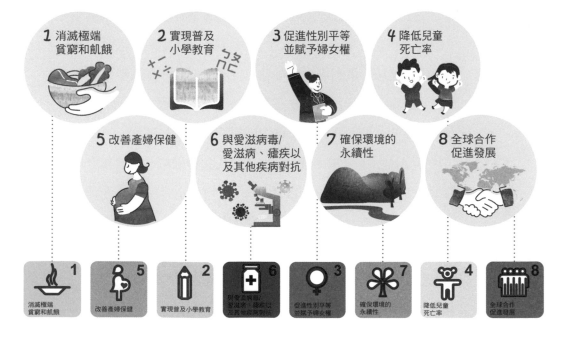

1 消滅極端
貧窮和飢餓

2 實現普及
小學教育

3 促進性別平等
並賦予婦女權

4 降低兒童
死亡率

5 改善產婦保健

6 與愛滋病毒/
愛滋病、瘧疾以
及其他疾病對抗

7 確保環境的
永續性

8 全球合作
促進發展

消滅極端 1
貧窮和飢餓

改善產婦保健 5

實現普及小學教育 2

防愛滋病毒/ 6
愛滋病、瘧疾以
及其他疾病對抗

促進性別平等 3
並賦予婦女權

確保環境的 7
永續性

降低兒童 4
死亡率

全球合作 8
促進發展

聯合國 17 項永續發展目標

1 消除貧窮

2 消除飢餓

3 良好健康與福祉

4 優質教育

5 性別平權

6 潔淨水與衛生

7 可負擔的潔淨能源

8 尊嚴就業與經濟發展

9 產業創新與基礎建設

10 減少不平等

11 永續城市與社區

12 負責任的消費與生產

13 氣候行動

14 水下生命

15 陸域生命

16 公平、正義與和平

17 夥伴關係

建立 232 個指標（indicators）作為評估衡量實踐的成果測量。永續發展目標（SDGs）置入了經濟課題。但此時環境與自然議題更加迫切，歐洲遭逢極端熱浪侵襲，打破多項高溫紀錄。地球升溫現象迫使人類社會必須回應在氣候變遷之下，務必採取更積極的行動。而人類開發造成棲地破壞、物種危殆，雖然 2010 年各國訂下愛知目標，但並未減緩生態破壞、棲地和野生動植物流失。是故 SDGs 目標 13、14、15 分別以氣候行動、保育海洋與海洋資源、陸域生態等，在日益劣化的海陸生態中期盼力挽狂瀾。17 項指標涵蓋環境、教育、性別、經濟、司法與社會等面向，鼓勵各界回應全球所面臨各項挑戰。

當永續列車
駛進
森川里海

PART 1

全球銳不可擋的
生態永續趨勢

從永續發展目標（SDGs）細項目標中檢視，關於維護自然環境及生態系的事項散布在 7 項目標中（包含細項目標 2.4、6.6、11.4、12.8、以及目標 13、14、15），遠多於千禧發展目標的只有 1 項，顯見聯合國已感受到緊急性。

　　人類過去的生活幾乎是與土地相繫，既依賴土地生活，也維繫了地景與其間的生物多樣性。心繫生物多樣性的國立屏東科技大學森林系陳美惠教授在推動社區林業（community forestry）與林下經濟（Under-forest Economy）多年後，認知到人和自然是不可分割的，人可以利用自然環境拓殖生產，所有重要關係人取之有道地運用自然資源，彼此合作，達成永續利用的共識，既是資源使用者也是管理者，才能過著良好的生活。

　　2015 年是全球凝聚永續共識非常重要的一年。這一年，各國簽訂《巴黎協定（Paris agreement）》，約定並實現 2050 年要實現淨零排放，敦促所有人為製造的溫室氣體（包括能源和非能源排放）量極小化，再以碳捕捉、森林碳匯、海洋碳匯等方式，將導致溫室效應的氣體儲存起來或再利用。我國也不落人後，政府也在 2021 年 4 月 22 日的世界地球日（Earth Day）宣示，2050 淨零轉型也是臺灣的目標。從工業革命以來，人類的經濟是碳經濟，國立臺灣大學地理系周素卿教授認為：「從碳經濟轉型到低碳或者無碳經濟，是一個巨大的轉型。必須徹底改變思維及價值觀，才可能達到實質的轉型。」

永續發展目標與經濟相關的課題

6 潔淨水與衛生
7 可負擔的潔淨能源
8 尊嚴就業與經濟發展
9 產業創新與基礎建設
10 減少不平等
11 永續城市與社區
12 負責任的消費與生產

永續發展目標與生物多樣性相關的課題

6 潔淨水與衛生
2 消除飢餓
12 負責任的消費與生產
11 永續城市與社區
13 氣候行動
14 水下生命
15 陸域生命

SDGs 是里山社區地方創生的核心

綜觀聯合國體系下生物多樣性公約（Convention on Biological Diversity）、SDGs、以及淨零碳排目標等立意均著眼於改變持續惡化的地球環境，彼此各成體系發展。周素卿教授指出：「全世界談氣候變遷的因應，包括減緩和調適，確實有點各行其事的現象。但倘若以環境來看是整體，我覺得橫向連結臺灣並沒有做得比較落後。」但她也提到國內對一般民眾的教育需要多加著力，以促使落實於生活中。也因此，周素卿認為無論氣候調適、永續行動到生態保育都必須回頭看地方創生。必須和生活、產業等結合，讓民眾在張羅生計跟日常生活的行動中，才有可能顧及。

回頭看國內守護森川里海第一線的里山社區，周素卿也特別提醒，全世界永續行動正在重新架構，在納入商業體系後，市場力量推進非常快，歐洲從政策力量驅動市場，如關稅的課徵，2023 年就開始實施碳邊境關稅；「所以我們的產業跟經濟不能夠不理睬這些變動。現在比較擔心的是，因為大企業因應速度很快，他們還是會主導市場的運作；而供應鏈的下端，或是在地經濟的反應跟主導性就會遠低於那些大戶。」她強調必須推動低碳轉型時必須重視公正轉型，「一方面是產業轉變的過程當中衝擊了社區；另一面整個市場的結構雖然快速轉向低碳，但原來的主導性的產業可能沒改變，也就是經濟分配的結構沒有被調整。」

臺灣里山社區小農眾多，除了農林漁牧上的收益外，是否有機會成為碳匯的賣方？周素卿以日本九州的地方創生為例，當地的年輕人會以回推方式檢視應採取什麼樣行動的「回溯分析法」，從未來願景回推現階段來設定行動策略。深悉日本無論推里山倡議（Satoyama Initiative）和地方創生時，甚至小農產生碳匯時，必定跟循環經濟結合，連結到關於產業復甦、食物里程等的實踐。

里山小農除了生產糧食的勞力所得作為主動收入，更因為種種友善土地的投入，創造更健全的生態系服務，並在這樣的生產過程產生碳匯，再轉變成碳權，帶來額外經濟收益。陳美惠教授說：「對於從事這工作的來說就是雙重的機會。我覺得是很好的事情，但就是要設法把他們拉近我們正在作的里山倡議中，符合永續地帶動一個地方的發展，對個人、社會都是受益者。」

1—2
愛知目標之後
30×30 目標的焦點與挑戰

「在這些熱帶地區,許多島嶼已經消失在水面下。隨著全球氣溫升高,冰冠融化與印度洋和太平洋的海平面每年以 4 公釐的速度上升。熱帶地區愈來愈難預測的氣候,經常導致同一年中既發生乾旱又發生洪災。在熱帶地區,所有的熱帶森林都遭遇人類砍伐和基礎設施建設的干擾,森林裡的動植物將大規模滅絕,預測將有多達 30% 的所有樹種和 65% 的螞蟻種類滅絕,而叢林動物的狩獵和氣候變化,都為這些地區『不成比例』的生物多樣性帶來更多挑戰。」

by《叢林:關於地球生命與人類文明的大歷史》

在《叢林:關於地球生命與人類文明的大歷史(JUNGLE:How Tropical Forests Shaped the World–and Us)》一書,作者派區克・羅勃茲(Roberts・Patrick)對熱帶地區特別關切,屢屢談到「熱帶全球化」、「熱帶的人類世」。熱帶曾是生物多樣性最豐富之處,如今熱帶森林急遽漸少,將對人類命運產生剪不斷理還亂的糾結。

當永續列車
駛進
森川里海

PART 1

全球銳不可擋的
生態永續趨勢

自 1970 年來，世界人口翻倍，新興城市迅速擴增，大國的耗能未減，全球經濟成長 4 倍，國際貿易增長了 10 倍。發展速度之迅猛，迫使人必須正視許多數據，而這正視也持續近半世紀，當每隔 10 年、15 年，檢視用來描述我們星球上「種類繁多的生命」的生物多樣性數據時，仍會被持續惡化的現狀所驚嚇。

2019 年，聯合國生物多樣性和生態系統服務政府間科學政策平台（IPBES）首次匯編發布《生物多樣性與生態系統服務全球評估報告》指出，已有超過一百萬個物種在數十年內，面臨瀕危的威脅，遠超過人類歷史的任何時期。為了應付地球上暴增的人口所吃所穿所用，熱帶地區成了最大供應端，1980 年至 2000 年期間，森林以驚人的速度被砍伐以致消失，地球失去了 1 億公頃的熱帶森林，主要用於南美洲的養牛和東南亞的棕櫚油種植。而濕地比森林情況更為不堪，三百年前存在的濕地，到千禧年僅剩 13%。

生物多樣性公約 三大目標

1
保育
生物多樣性

2
永續利用
其組成部分

3
公平合理分享
利用遺傳資源所
產生的惠益

備受期待的新目標，為生物多樣性的未來再出發

　　人類就像做錯事的孩子一樣，明白自己闖了大禍，屢次想集結眾力、產生共識並肩救亡圖存，由於地球環境與生態問題日益嚴重，1992 年聯合國在巴西里約召開地球高峰會，會中達成《聯合國氣候變化框架公約》協議之外（相關內容見本書 1-3），簽署《生物多樣性公約》（Convention on Biological Diversity, CBD），以「保育生物多樣性」、「永續利用生物多樣性的組成成分」，以及「公平合理的分享由於利用生物 多樣性遺傳資源所產生的惠益」等三大目標，促進全球與締約方的生物多樣性治理，並持續追蹤相關議題發展，訂定階段性目標及策略。為推動公約的執行，締約方也陸續訂定相關的重要子公約，第 10 屆締約國大會（COP10）標誌了人類下定決心試圖積極作為，2010 年 10 月於日本愛知縣名古屋舉行大會，共同簽署了 20 項愛知生物多樣性目標（Aichi Biodiversity Targets），訂定 2010 至 2020 年的 10 年行動計劃，愛知目標訂出 5 大策略（Goals）及 20 項子目標（Targets），透過將生物多樣性主流化；促進永續利用以減輕生物多樣性壓力；保護生態系、物種和基因多樣性；提高生態惠益；加強多元參與及管理等方式，期望於 10 年後達成近期目標：「有效保護生態系統，並採取行動遏阻破壞行為」。

　　不過，全球 COVID-19 大流行打亂了 10 年後大家聚首檢視成果並滾動修正的腳步，國際間仍透過報告檢視訂下的 20 項愛知目標，發現竟然沒有一項完全達成，只有 6 項目標部分達成，部分子目標甚至更加劣化。

2022 年 12 月，第 15 屆聯合國生物多樣性大會（CBD COP15）於加拿大蒙特婁舉行。歷經 13 天議程，兩百個締約國代表達成歷史性協議《昆明－蒙特婁生物多樣性框架》（Kunming-Montreal Global Biodiversity Framework, GBF），訂定 30×30 目標及生物多樣性融資等，包含 4 項 2050 年長期目標以及 23 項 2030 年前採取的行動目標，其中於 2030 年要實現各國的陸域、水域面積，包含各國的法定保護區。要至少各達到 30％被有效保護與管理。此外，決議也明訂到 2030 年，必須達成有效復育全球 30％的退化陸地與海洋生態系。樹立自然保育下一個 10 年里程碑，這是人類攔阻大規模滅絕的第一步。

GBF 四大長期目標以 2050 年為期

GOAL A	GOAL B	GOAL C	GOAL D
維持、增進或恢復所有生態系的完整性、連通性和韌性，到 2050 年時大幅增加自然生態系的面積； 停止已知瀕危物種因人而致的滅絕，到 2050 年時所有物種的滅絕率和風險降低 10 倍，原生野生物種的數量增加至健康和具韌性的水準； 維護野生和馴養物種族群內的遺傳多樣性，確保具備適應未來的潛力。	永續利用和管理生物多樣性，珍惜、維護和恢復那些目前正在衰退的生態系，強化生態系功能和服務，提升自然對人類的貢獻，以支持到 2050 年達成讓現在和未來的世代都可永續發展。	在適用時，利用遺傳資源及與其相關之數位序列資訊所帶來的金錢與利益，以及與遺傳資源相關之傳統知識，應該與原住民和地方社區公平分享，並於 2050 年前大幅增加，同時確保遺傳資源相關之傳統知識受到適當的保護，從而有助於按照國際約定的惠益均享機制維護和永續使用生物多樣性。	確保在財務資金、能力建設、技術和科學合作，以及獲取和轉移技術採取足夠的執行手段，以完整執行《昆明－蒙特婁生物多樣性行動框架》，並使所有締約方平等獲取，特別對於發展中國家締約方，尤其需注意低度開發國家和小島嶼發展中國家，以及經濟轉型中國家，逐步縮減每年 7,000 億美元的生物多樣性財務缺口，使財務流向與《昆明－蒙特婁生物多樣性行動框架》以及 2050 年生物多樣性願景趨於一致。

資料來源：整理自生物多樣性公約官網

COP15 雖不能讓所有締約方滿意，卻勉強能接受的「昆明－蒙特婁全球生物多樣性框架」針對愛知目標做了很多反省和討論。陳美惠教授分析，愛知目標絕大多數未能達標，正表示生物多樣性不斷喪失中，10 年來自然環境惡化並沒有因此減緩，因此更要期許這回訂出了 GBF 23 項行動目標，並期許 2030 年能夠達成。檢視這 23 項目標，陳美惠認為「這次目標 2 和目標 3 感覺是滿亮眼的」。目標 2 針對到 2030 年生態系的復育，而且要求考量連通性，「目標訂到至少 30％，對比當時愛知目標才訂到 15％，表示這項目標是滿迫切的，而且被高度期許。」而目標 3 也提到保護區和現有保護區外的「有效保育地（Other Effective Area Based Conservation Measures, OECM）」同樣設定要達到 30％，也高於之前「愛知目標」的陸域 17％、海域 15％。

陳美惠教授對於 OECM 尤有期待：「最特別的是 OECM，把『有效保育地』納入過去所認知的保護區系統中。這時候，我覺得社區林業和里山倡議就非常重要。」陳美惠認為：「以往都以國、公有保護地為主，私人地要劃設保護區進來非常困難。」她認為國內長期推動里山倡議，也是在鋪底，讓這些居住在擁有豐富多樣生物地區的里山地區人們能夠更加體會到，在居所的保育對整體生物多樣性的貢獻非常大。

臺灣引進里山倡議已逾 12 年，推動社區林業更已逾 21 年，其中許多的觀念溝通、教育推廣和實際行動都開始展現成果。最終能否讓非公有土地成為「有效保育地」，有賴里山倡議或社區林業長期累積作為根基，陳美惠說：「包括思維的轉變、

GBF23 項行動目標（targets）2030 年前達成

目標 1	綜合空間規劃：綜合性、涵蓋生物多樣性的空間規劃，同時尊重原住民和地方社區的權利。
目標 2	生態復育與連結：30% 的生態系統退化區域得到有效恢復，增強生物多樣性和生態系統功能和服務、生態完整性和連通性。
目標 3	保護區：保護全球 30% 的陸地、內陸水域、沿海與海洋區域，同時確保在這些地區適當的任何可持續利用完全符合保護成果，承認和尊重原住民和地方社區的權利，包括對其傳統領土的權利。
目標 4	受脅物種管理行動：針對已知受脅物種採取緊急管理行動，以阻止因人而生的滅絕。
目標 5	野生物種合理利用：確保野生物的利用、採捕和貿易是永續、安全和合法，同時尊重和保護原住民和地方社區的可持續的習慣使用。
目標 6	外來入侵種管理：避免高威脅外來入侵種的引入和建立族群。
目標 7	污染與水質管理：將所有來源的污染風險和負面影響降低至不對生物多樣性和生態系功能和服務造成傷害的水準
目標 8	氣候變遷調適與減災：利用自然解方 (nature–based solution)、生態系方法 (ecosystem–based approach)，極小化氣候變化和海洋酸化對生物多樣性的負面影響。
目標 9	傳統物種永續利用：確保野生物的管理和利用是永續，並保護和鼓勵原住民族和地方社區的慣習使用，達成資源永續。
目標 10	永續生產系統：確保農業、水產養殖、漁業和林業的區域的永續管理。
目標 11	增益生態系服務功能：透過自然解方、生態系方法來進行復育、維持和增強自然對人類的貢獻，包括生態系功能和服務。
目標 12	都市藍綠帶及連通：確保包容生物多樣性的城市規劃，強化原生生物多樣性、生態連結和完整性，以顯著增加藍綠空間的面積、品質和連結。
目標 13	遺傳資源惠益分享：確保公正且平等地分享利用遺傳資源和數位序列資訊所產生的利益，以及與遺傳資源相關的傳統知識，並促進對遺傳資源的適當獲取。
目標 14	生物多樣性主流化：確保將生物多樣性及其多元價值充分整合到政策、法規、規劃和發展過程。
目標 15	企業責任：採取法律、行政或政策措施，鼓勵大型跨國公司和金融機構揭露其對生物多樣性的風險、依賴和衝擊。
目標 16	責任消費：確保人們被鼓勵和賦權以做出可永續的消費選擇。
目標 17	生物技術管理：執行生物安全措施以及生物技術控管和惠益均享。
目標 18	獎勵措施：減少最有害生物多樣性的獎勵措施，擴大生物多樣性保護和可持續利用的積極獎勵措施。
目標 19	資金與資源：增加財務資源以利國家生物多樣性策略和行動計畫的執行。
目標 20	國際培力與合作：透過國際合作加強能力建設和發展、科技技術的取得與轉移。
目標 21	資訊流通：確保大眾資訊取得，以作為生物多樣性治理、整合和參與式管理參考。
目標 22	原住民與在地社區參與決策：確保原住民族和地方社區在生物多樣性相關決策制定，尊重其文化、對土地、領土、資源和傳統知識的權利。
目標 23	性別與決策：確保性別平權，讓所有女性和女童都有平等的機會和能力貢獻於公約的三大目標。

資料來源：生物多樣性公約官網資料編譯（https://www.cbd.int/gbf/targets/）

實際投入保育、以及有助於生物多樣性的永續生產，這都是過去一、二十年來在臺灣陸續推動，也打下基礎，當然急不得，必須要更多時間讓在地社區民眾認同，而且有行動出來，幸好我們已經投入社區林業、里山倡議多年，當現在開始在盤點30X30時，這些基礎是很重要的。」

橫跨鄉村與都市、個人企業與政府，擴展藍帶綠地，打造低碳生態島

檢視 GBF 的目標 12「都市藍綠帶及連通」，目前臺灣人口密集地區或城市的綠地與藍帶多放置在都市發展休閒需求的脈絡下，並未畫入國土生態綠網架構中，陳美惠建言：「其實這樣的概念可以帶到都市地區。雖說國土生態綠網所指認的地區主要不在人口密集之處或城市地區，但國土生態綠網就是要彌補或縫合因為高度開發所造成的棲地破碎或者棲息地劣化，因此可以更加把觸角更跨出鄉村地區，進入城市地區。」包括社區林業、社區綠美化、生物棲地的營造，或是保護濕地，營造生物多樣性的空間等，她進一步引申：「推動國土生態綠網、社區林業、里山倡議等可以積極走出去，讓都市人知道這些概念，可以讓更多都會地區的人認知到這些價值。」

至於目標 15 則與自然揭露有關，直接涉及企業 ESG（E，environment 環境保護；S，social 社會效益和 G，governance 公司治理）。企業與金融的責任與角色在本次 GBF 框架已十分明確，「感覺到企業對生物多樣性有了一股新的動力和企圖心。如何讓企業也能參與國土生態綠網、社區林業、里山倡議等，

而且參與不再僅限於企業社會責任（Corporate Social Responsibility, CSR），跟 ESG 有更加緊密的連結，有別於過去的愛知目標，可以看到更多企圖心。」陳美惠表示。目標 15 力促企業投入對自然相關的監測、評估對生物多樣性的依存與影響，並且揭露風險。值得重視的是，與此同時，為保全生物多樣性而提供企業做為相關的揭露準的「自然相關財務揭露」（Taskforce on Nature-related Financial Disclosures, TNFD），也在經過測試後，於 2023 年正式推出，可預見未來的企業 ESG 將更被要求在自然生態的著力。

目標 19 和目標 20 則分別「增加生物多樣性資金，鼓勵公私部門的生物多樣性投資並促進社區參與」，並且「促進科技創新、研究合作與技術轉移」；陳美惠肯定這將可全面擴大維護生物多樣性的能量：「能夠募集更多的資金和資源參與生物多樣性的工作。」

最棒的改變！公私協力共管，
由下而上，讓居住地變得更好

目標 22 為「確保原住民和地方社區在決策中有充分、公平、包容、有效和促進性別平等的代表權和參與權，有機會訴諸司法和獲得生物多樣性相關信息，尊重他們的文化及其對土地、領地、資源和傳統知識的權利，以及婦女和女童、兒童和青年以及身心障礙人士，並確保對環境人權維護者的保護及其訴諸司法的機會。」陳美惠指出，雖然過去愛知目標也有提及，但對於決策權的部分在此更明確地指出，里山的權益關係人包括原住民和地方社區居民對於自然資源的經營、生物多樣性的保育和永續的決策參與權。而過去臺灣在里山倡議和社區林業的培力基礎就顯得非常重要。

長久以來，因為國土資源與自然環境各有相對應的管理單位，例如國有林地屬於農業部林業保育署，國家公園歸內政部國家公園署，或者其他政府機關管轄的土地，過去可以感受到居民對於這些地方的決策及經營缺乏參與感；即便有想法卻無從發言也沒有管道參與，最後不了了之。

　　然而想要走向權益關係人協同共管，過程是需要培力的。陳美惠從事社區林業輔導工作逾 20 年，她有感地說：「我們民主已經扎根那麼多年，很多民眾有自己的想法，應該在重要的開發政策決定的開始，就邀請權益關係人（Stakeholder）參與溝通。」因此，社區林業的輔導過程中最核心的工作在於，培力部落原住民或社區在地居民參與地方社區的資源管理決策，「我們帶著居民學習經營，並強調過程中的溝通與培力。當居民愈來愈能掌握環境的資源特色並具備經營能力，愈來愈能夠參與決策討論，最後能走向共管或自主管理，這樣社區能量才能出來。」未經社區溝通與培力，自然資源的經營管理便直接交給社區，「這並非是負責任的做法，容易淪為少數幾個人說了算。必定要經過培力過程，形成社區集體行動力，才能解決問題。」

　　臺灣透過社區林業和里山倡議的推動，打下基礎以及思維的轉變，「是一種價值觀的溝通，需要很多的培力與大量的社會教育。所以當我看到行動目標 22 時非常開心。臺灣已經有這些先期基礎了，在確保原住民在決策過程中能充分溝通和有效參與上，臺灣有很多可以拿出來談。尤其是我們在社區林業輔導上已經走向協同經營的階段了。」

以往公部門認為這就是自己的權限範圍，但現在，政府在做地方社區的經營管理時，都會和部落或地方居民坐下來談，甚至彼此了解，找出各方覺得最好的方式去做，「我看到的是資源管理是由下而上，彼此之間的協同關係正在建構起來，這是很大的一步，不只是居民的意願而已，還要公部門願意改變。經過這二十幾年，現在大家面對資源經營的公私協力、夥伴關係，我認為是臺灣很值得驕傲的一塊。」

以地方為本發展適合的商業模式，就能生生不息，走出未來

　　居民願意參與資源的管理，也對保育產生很大的貢獻。以前會覺得「那不是我的，那是國家的，所以不管是火災或有人進去濫採盜採或是盜獵，居民可能會睜一隻眼閉一隻眼袖手旁觀。」陳美惠分享觀察發現，現在不一樣，這些地區可能是他們巡護的地區，也可能是他們要發展生態旅遊，或者是要發展綠色產業的基地，會看到居民開始展開行動，很明顯地看到環境有更大的守護力量去投入，就不再只是公部門的事情了。

　　也因為社區的參與，力量展現出來，很多環境就被保護起來，野生動物不會任意被濫捕盜獵，或是盜採珍貴稀有植物；甚至颱風樹倒了，居民願意主動去維護管理。對環境有更深的情感，願意好好地經營，因為這畢竟是他們世代要居住的地方，因觀念帶來行動的轉變。

　　無論永續、生物多樣性、淨零排放，周素卿和陳美惠不約而同地認為必須扎根於在地生活，落實地方創生，無懼於市場競爭，甚至將地方的生態與生產與企業做更深鏈結。使地方創生不再只是公益

性質，而是對現代人的生活產生積極作用，絕對能實現兼顧商業價值與世代正義的。

　　整體看起來，周素卿和陳美惠兩位學者都肯定：「臺灣的表現實在算是不錯，在生物多樣性一直非常的努力，雖然我們不是聯合國的會員國，但我們走出自己的路，甚至還超前佈署，特別是現在強調原住民社區（indigenous people local communities, IPLCs），我們打下的基礎，未來很有可為，在這議題上將能夠產生更多的貢獻。」

當永續列車
駛進
森川里海

PART 1

全球銳不可擋的
生態永續趨勢

臺灣 2050 淨零排放，
許大自然與人類一個永續的未來

「環保局需要這些資訊，才能逐步釐清把碳儲存在森林裡的最佳方法，藉此緩和氣候變遷。當時是 1990 年代初，我從奧勒岡州立大學的午間演講得知氣候變遷的議題，聽到有人預言浩劫難逃時，大受震驚。我帶著這個消息回到加拿大，但是林務局的管理者都不相信我。」

by《尋找母樹》

《尋找母樹（Finding the Mother Tree: Discovering the Wisdom of the Forest）》作者的加拿大森林學者蘇珊‧希瑪爾（Suzanne Simard）在上世紀 90 年代就聽聞氣候變遷議題，當時幾乎無人信以為真。

浩劫的襲來，就像躡手躡腳的盜賊，等人們發覺，損失早已不計其數，而失去的幾乎很難再尋回。僅僅不過 20 年間，「氣候難民」（Climate Refugee）一詞已時有所聞。全球上百萬人已成為氣候變遷帶來的極端災難的受害者——撒哈拉以南非洲的長期乾旱、肆虐東南亞、加勒比海與太平洋的熱帶風暴不止。2018 年北半球盛夏，

從北極圈、希臘、日本、巴基斯坦乃至美國，都經歷了擋不住的熱浪與野火，數百人因而喪生。

從京都議定書到巴黎協定

2018 年 10 月，聯合國跨政府氣候變遷專家小組（Intergovernmental Panel on Climate Change, IPCC）發布了關鍵報告，凸顯了處理氣候變遷的急迫性已更加明確。IPCC 警告，為了避免全球暖化的災害，和工業革命前相比，現在的地球均溫上升絕不能超過 1.5°C。但 2019 年 7 月卻掀起「歐洲熱浪」，來自北非的乾熱氣團被冷風暴系統阻滯，從來都是避暑勝地、只有暖氣設備的溫帶國家，迭創高溫歷史紀錄；法國歷經兩次超級熱浪席捲，南部城市曾測得 46.2°C 有史以來最高溫。德國、荷蘭、盧森堡、比利時都有打破 40°C 高溫紀錄，人禽畜等生物都遭劫難。

氣候變遷從警語到人們開始有感之間，人類虛擲了一些時間。聯合國氣候變化綱要公約（United Nations Framework Convention on Climate Change, UNFCCC）締約國早在 1997 年於京都舉辦的第三次締約國大會（COP3）上簽訂「京都議定書」（Kyoto Protcol），即試圖力挽狂瀾。京都議定書主要規範減量目標為以 1990 年排放量作為基礎，針對二氧化碳等六種溫室氣體，於 2008 年至 2012 年間，主要排放國家必須各自達成減少 5% 以上的排放水準。然而，基於這項約定的生效條件必須達到 55 個且達全球排放量 55% 以上的締約國簽署同意，才能過門檻。遲至 2005 年俄羅斯同意後，才終於達到足夠國

家簽署承認，並正式生效。

　　只是，溫室氣體排放大國包括美、中等國都不同意執行京都議定書減量承諾，以致進程屢屢遭拖累，加上其他參與國執行成果也遠不如預期，導致 2012 年京都議定書所設定的目標鎩羽而歸。

　　但氣候劣化的問題並未打住，因而有繼之而起的《巴黎協定》（Paris Agreement）於 2015 年的 COP21 訂定，結合起公平原則與更廣泛的目標，《巴黎協定》共 29 條，長期目標訂在本世紀全球平均氣溫上升幅度控制在比工業化前平均高出 2°C 的範圍內，甚至期許致力將升溫控制在 1.5°C 以內。這項協定承接功敗垂成的京都議定書。除了長期目標外，較為特別的在於第 3 項「國家自定貢獻」（Nnationally Determined Contributions, NDCs），以及第 4 項約定每 5 年檢討各國自主減量的目標與貢獻成效，滾動式地調整並縮小缺口。這也促使各國必須更正面積極應對減量責任，並實質訂定減量目標並採取行動，在第一個 5 年 COP26（2021 年）之後，各國陸續提出自己的減碳期程與積極路徑（2030 達到碳排減半，2050 達到淨零）。

　　此外，巴黎協定第 5 條具體納入森林永續以及森林碳匯應扮演一定角色。這回，大國如美國、中國參與談判，再加上俄羅斯與歐盟等，初估加總排放量已占全球排放量的 58%。

氣候變遷，逐漸影響生物多樣性，也帶來糧食生產危機

　　2022 年 3 月，聯合國環境規劃署發布一份《2022 年前沿：噪音、火災與物候不匹配》報告警告：由於氣候暖化導致的物候紊亂，已

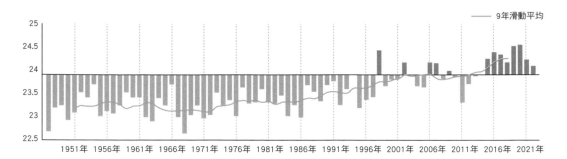

臺灣 1947 ～ 2022 年平均氣溫（攝氏 °C）

—— 9年滑動平均

資料來源：交通部中央氣象署 111 年氣候年報

成為迫在眉睫的環境問題。暖化速度過快，讓許多動植物來不及演化適應，影響牠們生存的同時，也會衝擊人類的糧食生產。而當全球迭創高溫紀錄之下，臺灣也無法置之度外。

　　觀察 2003 年到 2023 年這 20 年來，中央氣象局臺北觀測站點所測得的夏季當日最高溫數據，可以發現臺灣夏天已顯著的「更熱」。中央研究院、科技部、中央氣象署（原中央氣象局）合作發表的《臺灣版氣候變遷報告》更預測說，最快到 2060 年，臺灣可能就不再有冬天了。

　　從 2013 年往前 10 年，平均 2 到 3 年的夏天才會出現一次飆破 38°C；但最近 10 年，每 1 到 2 年的夏季就會飆破 38°C，2016 至 2018 年更是年年出現。同時，近 10 年的臺灣夏日也變得「更早開始熱」。以往，通常過了 6 月中旬後才會出現連續 30°C 高溫，2016 年卻因為聖嬰現象，6 月 1 日高溫就飆升到 38°C。2020 年，整個 6 月甚至只有一天不到 30°C；這一年更有高達 59 天氣溫破 36°C，等於全年有兩個月處在極端高溫。

當永續列車
駛進
森川里海

PART 1

全球銳不可擋的
生態永續趨勢

除此之外，乾旱也不時威脅著世界與臺灣。

2022 年，世界進入高溫與乾旱年。災情最慘重地區之一是東北非的非洲之角（Horn of Africa）。連續四個雨季滴水未降，被稱為「40 年來最嚴重的旱災」，估計威脅多達 5,000 萬人的糧食安全。

同一年的臺灣也曾經水庫告急，降雨量未達平均的四成，供應嘉南平原水稻耕作的曾文水庫、白河水庫儲水量分別降到 32.4％、36.6％，面臨休耕。連年年拿下冠軍米的臺東縣池上鄉也在 918 花東強震後，當地的興富濕地水源消失、濕地乾涸，水池的魚大量死亡，值二期稻作期間卻無水可用，讓揚名海內外的池上米首遭衝擊。當時，池上鄉文化藝術協會理事長梁正賢心焦地說這是前所未有的現象，也讓他們必須未雨綢繆尋覓旱稻品種，著手試種，以應付難測的氣候變遷問題。

極端高溫天數不斷被突破，國立中興大學園藝系教授吳振發直陳，「原來種在南部的植物，現在一直往中部到苗栗新竹都可以種植。」他舉例說，以前可可本來都種在屏東地區，慢慢地臺中可以種得出來，「我們已經邁向熱帶了，溫度越高，這個品種在臺灣大部分的區域就都可以種了。」

氣候變遷之下，空間環境跟植物相都會改變，包含作物相也改變。吳振發指出，「原來的生物棲地一旦改變，食物來源也會有變化，所以氣候變遷對生物多樣性的分佈是會有影響的。」

還未能實證研究生物棲地的變化前，由於鳥類資料相對多，吳振發的研究室用農業部生物多樣性研究所（原特有生物研究保育中心）的鳥類資料、農業部的作物分佈資料，以及政府間氣候變化專門委

臺中

夏季	冬季
季節日期：+8.41	季節日期：-7.54
峰值溫度：+1.28	峰值溫度：+3.74

臺北

夏季	冬季
季節日期：+6.47	季節日期：-8.50
峰值溫度：+2.48	峰值溫度：+3.61

臺南

夏季	冬季
季節日期：+5.95	季節日期：-5.12
峰值溫度：+1.12	峰值溫度：+2.89

花蓮

夏季	冬季
季節日期：+6.42	季節日期：-6.62
峰值溫度：+1.60	峰值溫度：+2.78

恆春

夏季	冬季
季節日期：+0.43	季節日期：-2.62
峰值溫度：+1.19	峰值溫度：+1.14

臺東

夏季	冬季
季節日期：+6.33	季節日期：-6.00
峰值溫度：+1.01	峰值溫度：+2.19

臺灣六個測站從 1957 年至 2006 年臺灣六個測站之觀測紀錄顯示，各測站都有夏季提早開始、延後結束，峰值溫度上升、夏季增長的跡象，而冬天不只縮短，峰值溫度也增加。僅有恆春的夏季較無明顯變化。

資料來源：氣候變遷災害風險調適平台

員會（IPCC）的氣候資料，「看臺灣氣溫跟氣候條件改變的情形如何，我們就會改變並引導作物可栽培的區域範圍。」例如鳥類最常見的食物來源是稻作、小麥或果樹，當棲地改變，鳥類分布就會跟著改變，再回過頭對應在農業政策或是作物栽培上。生物的物候改變，是否也會影響到友善農業？吳振發說，「全世界的趨勢關鍵端看氣候變遷。因為氣候變遷，改變了糧食作物的生長與產量，所以作物栽培與生產模式的整個思維必須要徹底大調整。」

淨零，降低氣候變遷所帶來的各面向衝擊，包括生態、環境與生計

觀察鳥類，向來是環境指標的好題材。「每年有大量的候鳥，不辭辛勞的長距離遷徙，都是在反映溫帶與寒帶地區週期性的季節變化。而在鳥類的繁殖期程方面，有些鳥種的繁殖期延長，有些則縮短。由此可見，即使氣候變遷對鳥類的影響不盡相同，但也已經改變繁殖表現。」生物多樣性研究所副研究員林大利透過鳥類的繁殖與遷徙，探討分析鳥類的物候表現。他歸納長久下來，鳥類的繁殖與遷徙，恐怕也受到氣候變遷影響，改變的結果是好是壞？短期內還只能推測，尚無定論。

偏好或冷或熱或高山或平地各自不同環境的鳥種，都會選擇棲息在最適合自己生活的海拔區段。而暖化是否讓鳥類往更高海拔的山區移動呢？林大利認為「答案似乎是肯定的。」他舉出：「在臺灣這座高山島上的高山鳥類，有逐漸往更高處移動的趨勢，宜居範圍也逐漸縮減。經比較，玉山山脈 1992 年和 2014 年鳥類的海拔分布，發現許多鳥種的分布海拔上升，平均上升 60 公尺，尤其以高山鳥種最為明顯。」

至於氣候變遷造成植物開花和抽芽時間的改變，林大利引用 2003 年一篇發表在科學期刊《自然》（Nature）的研究指出，在近 10 年間確實有所改變，「而且 168 種鳥類當中，有 78 種有提早繁殖的跡象。研究團隊還發現蛙類繁殖、鳥類築巢、鳥類和蝶類遷徙時間也是。」

從許多跡象來看，氣候變遷正侵蝕著環境、人類生存和國家安全，

危機迫在眉睫，2021 年 4 月 22 日的世界地球日，包含日本、韓國、美國、歐盟、英國、紐西蘭、澳洲等先進國家，全球已有 130 多國提出「2050 淨零排放」的宣示與行動。為呼應此一全球趨勢，蔡英文總統也在這一天同步全球宣示 2050 淨零轉型也是臺灣的目標。2022 年 12 月，行政院國發會公布 2050 淨零轉型之階段目標及關鍵戰略，提出 2030 年國家自定貢獻（NDC）減排目標為 24％，並於 2023 年 1 月核定「淨零排放路徑 112-115 年綱要計畫」，針對淨零碳排目標進行各面向的減緩與調適策略。

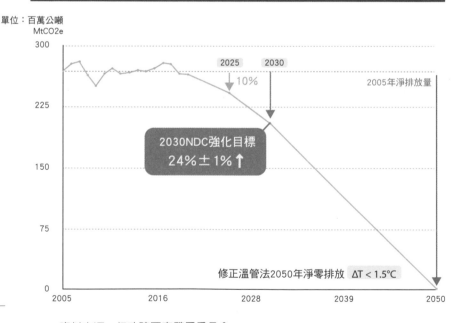

臺灣 2050 淨零路徑

單位：百萬公噸
MtCO2e

2025

2030

↓10%

2005年淨排放量

2030NDC強化目標
24%±1%↑

修正溫管法2050年淨零排放　ΔT < 1.5°C

資料來源：行政院國家發展委員會

自然碳匯，淨零排放的新解方

「現在講的不是節能減碳，而是淨零，意義就完全不一樣。以前只要減少排放，今天什麼叫淨零？『淨』像是會計學裡講的淨利，營收要扣掉各項成本支出，最乾淨的利潤叫淨利；淨零也是一樣，並不是說碳排放等於 0，就算所有人都開電動車，都用再生能源，都不可能碳排放等於 0，即便生產太陽能板，也會排放，所以勢必要找到一些方法來抵。也就是碳排放減掉碳吸收等於 0，這個才叫『淨零』。」研究碳匯二十餘年的國立中興大學森林系特聘教授柳婉郁詳盡地解釋說。

現在，各國宣示自己的淨零期程：臺灣 2050 淨零、中國 2060 淨零、瑞典和芬蘭 2035 淨零，印度 2070 淨零……。柳婉郁認為：「每個國家時間不一樣，就是想方設法達到淨零，等於是個人造業個人擔。排放很多的國家自己想辦法碳中和，少的就可以輕鬆一點，自己處理好，這個就相對比較公平。」

碳排放的概念較普遍為人所知，節能減碳，減少用水用電，這都是減少排放量。柳婉郁指出，「增匯就很不容易，因為之前企業都只想到節能減碳，沒有想過增加碳匯，但現在必須一加一減等於 0。」

這也造成自然碳匯的碳權價格水漲船高，因為它是少數能夠不限於企業或政府或學校，能夠用來抵碳排放的專案，柳婉郁指出，以農立校、擁有 4 座林場的國立中興大學也要開始做碳盤查。「自然碳匯是少數能夠做到碳吸收的項目，換句話說要淨零，自然碳匯是重點。」

柳婉郁進一步說明，「人工碳匯看似很美好，但問題不少，設備

碳匯（carbon sink）

　　有點像外匯存底，是儲存二氧化碳的天然或人工「倉庫」，通常不動用。

　　天然的二氧化碳倉庫意味著大自然本身靠著生態系統中原有的運作方式就可以處理二氧化碳，這就是透過生態保護、生態復育、改善土地管理，能夠達到溫室氣體減量的效果。

機器運碳吸收，必須用能源、要耗電，就會排放二氧化碳，例如可能排放 2 噸的二氧化碳，卻只捕捉了 1 噸的二氧化碳，不見得有效率；但自然碳匯是植物行光合作用吸二氧化碳排放氧氣，所以有植物地方空氣都特別好，而且不用給電和能源，植物會自己運轉，而且自然碳匯的效益不只有減碳，更有水源涵養、水土保持、調節微氣候、生物多樣性、景觀休閒等，也就是說，自然碳匯是所有減碳方式唯一有共效益（co-benefits）。」

　　「自然碳匯在人們眼中那麼受到重視，就是因為淨零目標。在沒有淨零之前，自然議題往往被視為是社會公益而已。」柳婉郁不諱言說。然而取得自然碳匯，需透過自願性碳交易市場，這也是使得自願性碳交易市場近三年受到矚目。

　　碳權種類繁多，包括：電動車、綠能、換燈管、換鍋爐等以及森林碳權的綠碳、農地土壤的黃碳、繞著海洋溪流的藍碳。柳婉郁說明：「碳稅或碳費是由政府訂價格，但碳權不是，是由市場機制供給與需求決定，因此不同的碳權，對企業價值不

增加碳匯的兩種做法

CO$_2$

人工碳匯

人工碳捕捉，利用環工專業研發出來的機器廠房設備去捕捉製造生產過程中所排放出來的二氧化碳，再利用機器封存二氧化碳到地底下

自然碳匯

包含稱為綠碳的森林碳匯、藍碳的海洋碳匯、以及黃碳土壤碳匯

同，因此每種價格都不一樣，不是一噸就是一個固定的價錢，自然碳匯的交易對發展非常重要。」

政府已編列十億資本額宣布成立碳交易所。柳婉郁說，「我個人認為目前國內應該至少有個平臺，讓人安心買賣碳權，且由政府成立，有公信力，例如企業可以安心的買，不用怕被詐騙；農企業也可以安心的申請碳權與販售，單是有這個功能就很好了。」

企業對具有生態效益的 NbS 趨之若鶩

如今以自然為本的解決方案（Nature based Solution, NbS），近年逐漸火紅，以往被歸為企業社會責任社會公益面向，現在則是很多企業搶著要做，「一定是有價值、有利可圖，企業才可能自動自發投入。」柳婉郁認為整個世界畢竟還是商業運作為主流，「讓投資環境變得對企業有價值而不僅是做社會公益，企業才願意永續投入。

綠碳

植物行吸收二氧化碳行光合作用，預估4公斤的二氧化碳可轉換為1公斤的木材。不同樹種轉換率有所不同，且要納入森林碳匯，必須是成長中的樹木。

藍碳

紅樹林、濕地、海草床、沼澤地、深海底泥、海底沉積物等，都有碳藉各種形式儲藏其中。

由於海洋權屬認定複雜，目前藍碳增匯多以近海人工養殖或復育濕地為主。

黃碳

土壤碳匯包含：農田、黑土、草原、泥炭地、山地土壤、永凍土、旱地及科技土與都市土壤。土壤中的的有機物質能空氣中的碳留在土讓，土壤成分遭受變化，碳含量也可能隨之損失。有機農業、友善耕作均有助於提高土壤碳存量。

投入越多會讓環境更好，所以我是樂見的。」

「自然為本解決方案當然能解決氣候變遷的問題，但就是慢，無法像種電效率高。但好處則是不僅能減緩氣候變遷，還有生物多樣性以及生態價值，才能夠讓環境更好。」柳婉郁指出，人們需要樹來抗空汙，需要樹來棲息一些動物昆蟲，需要花草來欣賞，讓心情愉悅，我們需要這些環境來讓生活更好，「以自然為本解決方案，除了讓溫室氣體減量之外，還有其他效益，包括對於小農還有里山社區的生態補償。」

儘管農耕也是一種開發，但農村為人們守住糧食生產，守住自然的環境，除了碳匯之外，里山生態系還能提供衍生不同的減碳功能，如屏科大森林系教授陳美惠更認為在「淨零綠生活」推動「永續旅遊」中，里山社區所規劃的的生態旅遊也是很具

價值，「里山社區更重視社區資源的管理，對於地方生物多樣性的保育與付出，對於淨零也很有幫助，因為他們在這過程中避免對環境衝擊、減少碳排，從事友善環境的產業也是增進碳匯。」

周素卿則建議「我們不要去反對市場機制，反而應該善用市場，科學界要趕快幫忙算吸碳效益，而且要在法規認可上，因為這是裨益於小農。」友善生產的連結越多，就能帶來越多元的企業參與，對於自然生態都是有幫助的。

自然為本解決方案（NbS）

「自然為本解決方案」有兩個要件，第一個就是用自然方式來提升社會與環境韌性，應對永續發展的問題，第二個要能夠增加生態系服務或是自然資本，兩者缺一不可。

太陽能也是自然的發電，潮汐發電也是自然的，水利發電水也是自然，都符合第一個條件，用自然方式來解決氣候變遷，但不符合第二個條件的資格，因為沒有創造生物多樣性和創造生態性服務，因此不算 NbS。

例如種樹可以復育自然生態，產生生物多樣性，所以必須要確實增加自然的生態系服務，才能夠說是以自然為本的解決方案。

氣候變遷與淨零轉型必然帶來的 3 種轉型

①綠色轉型

讓綠色有價格、讓碳有價格，吸碳的可以收多少錢，排碳的要付錢，讓環境多一點綠色好，因為現在綠色不再免費了，都有價格。

②公正轉型

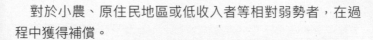

對於小農、原住民地區或低收入者等相對弱勢者，在過程中獲得補償。

在淨零轉型中，對於為人們守住土地與自然的這些人，能夠公正的給予補助，稱為「生態補償（Ecological Compensation，或稱生態系服務給付 Payments for Ecosystem Services，簡稱 PES）」。舉例來說，小農種植玉米過程中，不只提供糧食，同時達到維持地力、保持土壤養分的功能。因為玉米田有生態服務系統，田間許多昆蟲，具有生物多樣性，而植物行光合作用，能夠吸碳。

然而農人的付出只收到玉米的錢，他提供的環境服務完全都是免費的，這是不公平的。這些服務讓大眾受益，因此要給予補償，讓他們得到公正的對待。

③競爭轉型

碳排放高的企業，要買相對多的碳權來抵，排放少的就可以少買一點；甚至若是模範生，排放很少的，還可以賣碳權；碳權就是透過市場競爭來決定出價格，這一波會讓小農跟里山社區受益很多。

資料來源：柳婉郁口述整理

1—4
ESG 時代，私部門
對自然生態保育的支持與參與

「在過去幾千年來，農作物、穀類、蔬菜和水果都與人類的腳步相依相隨。當人類穿越大陸和海洋，他們也隨身攜帶植物，從而改變地球的面貌。農業將植物連結到政治和經濟。……大型人類社群無止盡的活動破壞地球的面貌……人類的政治和道德歷程影響自然世界。洪堡德曾敘述古巴的甘蔗種植和墨西哥煉銀業如何嚴重毀林，貪婪形塑了社會與自然。他寫道，『無論走到哪裡』，人類都留下破壞痕跡。」

by《博物學家的自然創世紀》安德列雅‧沃爾芙

兩百多年前，德國博物學家亞歷山大‧馮‧洪堡德（Alexander von Humboldt）如先知般預見了人類無止盡的開發，他憑著在拉丁美洲所見警告人們過度砍伐森林，將付出沉重的後果；工業革命和大航海時代之後，人類幾乎掌握了所有自然資源，到今日過度耗用之下，洪堡德的預言成真，難以遏止的氣候變遷已鋪天蓋地對全球造成影響。

低碳經濟時代來臨，企業的新挑戰、環境的新希望

自然資源及環境永續的倡議持續多年，到近二十年來人們體悟到商業與金融體系必須成為全球永續行動的一環，一來多數企業的獲益根本溯源是來自於自然資源與健康的生態與環境，二來企業與金融仍是消費市場驅動的主要動力。無論巴黎協定、SDGs、乃至於 GBF，都納入了企業與金融體系的角色，ESG 不但是企業永續經營的績效指標，也成為全球永續轉型中企業必備的通行證。尤其各國宣示淨零排放目標，設定國家自

ESG

ESG 首次出現，是在 2004 年聯合國全球盟約（United Nations Global Compact）的《WHO CARES WINS》報告。

E 為 Environment（環境），涵蓋能源消耗、生產與消費產生的廢棄物管理、生物多樣性以及溫室氣體排放等。

S 為 Social（社會），包含社區關係、社會效益、勞工權益等。

G 為 Governance（治理）則是財務健全透明、供應鏈管理、商業倫理、經營之系統風險等。

這兩年全球掀起 ESG 風潮，不只各國政府對於減碳有所要求，蓬勃的 ESG 投資也促使企業爭相投入。里山社區「生產－生活－生態」涵括的是維持生態系服務與維護社區社會效益，因此開始吸引企業將資金投注到小農與里山社區上。

金管會回應全球永續發展行動與國家淨零排放目標，開始要求上市櫃公司推動 ESG，並將碳盤查、氣候相關揭露、自然相關揭露納入規範（相關內容見本書 1–5）。

定貢獻的期程後，低碳更直接從「形容詞」變為「計量詞」。

「從工業革命以來，人類的經濟是碳經濟。如何從碳經濟轉型到低碳或者無碳經濟，是一個大轉型。」周素卿教授開宗明義說。

歐盟率先於 2023 年開徵碳關稅，不僅部分產業被要求繳交碳排放量費用，進口企業也需申報。企業減碳是必須，甚至零碳已漸成潮流；因此企業不僅要減少碳排放，不足的部分更要生產或購買碳匯。柳婉郁教授把這一增一減間取台語「賺錢」諧音，稱之為「碳吉」。能夠固碳跟減碳的方案，代表著能在低碳新經濟下賺錢。

企業 ESG 應該要做的，就是實踐永續發展目標

各個企業在投入 ESG 當中，該如何做好碳盤查，釐清自身到底有多少碳排放量，進而制訂減碳策略？根據環境部資料顯示，目前僅有 9% 的企業進行完整的碳盤查，柳婉郁指出，「很多公司正面臨到碳壓力和碳焦慮，以前只要獲利就好，現在還要考慮碳排放與對環境的衝擊。過去，公司企業利用很多免費的自然資源，創造財富；在這當中對環境也造成很多負面衝擊，但衝擊卻不用付錢。」之前要求企業社會責任（CSR）以回饋社會，但很籠統，「現在 ESG 聽起來雖然也很籠統，其實就是要對應到 SDGs，臺灣的永續發展目標是 17 加 1 項第 18 項非核家園，企業每做一項 ESG，就要檢核對應到 SDGs 的哪一項。」

歐盟開徵碳關稅首當其衝，在減碳議題上，臺灣各個企業都承受內部、外部的雙重壓力。相關產業的企業難免為了外銷通關，急著購買碳匯，但如果政府立刻開放國內企業可以買國際的碳權，柳婉

郁則期期以為不可地說：「那就可惜了，因為每個企業索性去買非洲或中南美洲國家的很便宜的森林碳匯就可以抵在臺灣的碳排放，其實開發中國家本身還沒有碳權需求，量大且價廉，企業可大量購買，輕鬆抵完公司在臺灣的碳排，這就稱為『碳洩漏』——在臺灣排碳，然後去其他地方吸碳。應該要在我們國內的範圍裡做到自己的碳中和，盡量達成在臺灣排放，就買臺灣的碳匯來碳中和，不夠再買國際的比較好，這樣也能充分讓臺灣自然碳匯有好價格，也讓臺灣自然碳匯的產生，有更多誘因，讓臺灣環境更好。」

許多做全球生意的國際大廠，現在已十分仰賴買綠能、買碳權，這部分企業的腳步十分迅疾，但周素卿認為：「漸漸的就要有一些機制，讓大企業自主開發碳匯。否則只是碳權抵換，很可能流於漂綠。」她提醒，一方面要注意經濟市場的驅動力非常關鍵，再一方面因為大企業跑的速度飛快，整個產業類型生產方式可能因而改變，「但是所引領與利益分配可能越來越極端，是比較不能忽略的社會面問題。」

在地的自然碳匯雖小，價值不可計數

與臺灣情況類似的英國，因為工業革命開發很早，小農很多，農地分割非常零碎，小農常見持有一些山上的破碎林地，柳婉郁舉例說：「已開發國家跟開發中國家不一樣，開發中國家的森林碳匯只能賣到國際，但已開發國家不然。企業對國內的自然環境願意付出，也願意購買碳匯碳權，例如日本與英國政府有自己的碳權申請與認證機制；想一想，日本與英國國

當永續列車
駛進
森川里海

PART 1

全球銳不可擋的
生態永續趨勢

企業碳盤查怎麼做？

方法1 針對範疇3排放加強力道

範疇3 上游活動
- 外購的商品和服務
- 營運活動產生的廢棄物
- 租賃資產
- 資本財
- 燃料及能源相關活動
- 運輸與銷售
- 商務差旅
- 員工通勤

申報企業

範疇1 直接排放
- 企業自有設施
- 企業自有車輛

範疇2 間接排放
- 企業自用的外購電力、蒸氣、熱

範疇3 下游活動
- 運輸和銷售
- 售出商品的報廢回收
- 加盟商
- 售出商品的加工
- 租賃資產
- 投資
- 售出商品的使用

方法2 企業碳盤查流程

STEP

 業者須確認產品的製程地圖，包括原料取得、生產製造、配銷運輸過程中所消耗的能源、排放溫室氣體等資訊

 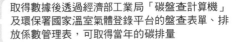 取得數據後透過經濟部工業局「碳盤查計算機」及環保署國家溫室氣體登錄平台的盤查表單、排放係數管理表，可取得當年的碳排量

 經企業內部查證後，交由第三方機構查驗，取得國際標準

 第三方確認無誤後，便可將企業碳排放資訊登錄在環保署「國家溫室氣體登錄平台」

方法3 碳盤查標準與查驗機構

 以企業或組織為架構，進行溫室氣體盤查的設計、發展及管理

 提供企業對其產品和服務的碳足跡（carbon footprint）進行評估之統一標準

 建置能源管理系統，協助每日節能、降低成本並符合環保規定

外商
英商勞式檢驗（LRQA）、英國標準協會（BSI）、法商艾法諾（ANFOR）、法商法立德（BV）、挪威立恩威（DNV）、瑞士SGS、德國萊因（TUV）

本土
經濟部施下法人機構：金中心、商檢中心、工研院量測中心

資料來源：溫室氣體盤查議定書（GHG protocol）、環境部

內的森林碳權珍貴，價格很高。臺灣也是已開發國家，應該參考日本、英國、紐西蘭、澳洲、美國加州的方式。參考已開發國家經驗就知道，無論是哪一種自然碳匯，賣給國內的企業價格才會好，若到世界平台，就是跟開發中國家自然碳匯碳權競爭。」

企業購買國內的自然碳匯碳權，除了可抵碳排放之外，就企業 ESG 角度看，更是效益非常好的項目，包含照顧及生物多樣性、空氣淨化、調節微氣候，甚至森林療癒、休閒文化等，也可藉其他專案扶持在地的偏遠山村和原住民部落等其他受益項目。碳權議題正值熱門，但企業 ESG 必須見樹又見林，永續揭露以及永續金融已經在這兩年從減碳邁向自然，企業應對氣候議題的同時，維護自然生態系的議題已躍上舞台。玉山金控 2022 年就已參考自然相關財務揭露架構（Taskforce on Nature-related Financial Disclosures, TNFD）發布氣候暨自然環境報告書。

「我買這一噸抵我的碳排放，抵完之後，還可以在 ESG 說買這一噸的碳權，協助了臺灣森林的復育，也協助過生物多樣性，唯有自然碳匯同時可以具有碳抵扣和共同利益。」柳婉郁認為，「買碳權不是走捷徑，如果買的是所謂的優質碳權，企業要付出貨幣代價，自然就會想辦法排碳時會節制一點；如果一噸只要一塊錢就買得到，哪有誘因減排？所以希望能優先用臺灣國內的碳權來抵，不夠，再開放國際的碳權，也可以讓臺灣的小農或林業或自然碳匯有多一點收入，才是雙贏。」

目前，不少企業願意投入國內自然碳匯，仍有些配套待解決，例如海洋碳匯的藍碳範圍，包括各重要濕地幾乎都屬於國家的，但投入種紅樹林防風的不見得是政府部門。以臺中沿海不乏樹木稀疏的地帶來看，這些地帶一颳起大風沙，常讓人可能整天什麼事都做不了。然而，受限於經費有限，加上漁村經濟多半困窘，缺乏充裕經費可用來種樹。柳婉郁舉靠海的大安區為例，「假設今天公司想來投資紅樹林 ESG，先協助在海邊種紅樹林，可以防風也防洪，對村民有相當大的幫助，然後應該讓公司拿到 ESG 績效與自然碳權，讓自然碳匯有價值，企業也願意持續投入。」

公私協力生產碳匯，打造雙贏局面

透過公私協力可以解決很多現行問題，柳婉郁指出：「我們常說臺灣是一個小島國，相較於內陸國家，有較長海岸線（根據內政部營建署資料：臺灣的海岸線含外島總長約 1,988 公里），以企業參與種植防風林一例來看，甚至還可減少國土的耗損。企業種了幾排防風林與紅樹林之後，「不只是生產碳匯，還可以從事其他經濟生產製造產值，也是雙贏。在未來碳交易的時代，我們可以要做的事情還很多。」

公私協力增加碳匯就分給企業，完全符合碳權認證的規定。日本就不乏公私協力，兩造受益的例子，日本隸屬國有或地方政府的森林，普遍希望能夠交由私人經營活化，「最後產生碳權也是一樣，類似於政府 10%，企業 90% 的分配方式，因為政府不需要碳權，但方便企業出口運用。」柳婉郁認為：「政府的角度應該要提供機會，讓自然碳權產生，而不是設一個超高的門檻，申請手續非常嚴格，大家就不來玩了，乾脆直接買國外的，這樣子就很可惜。」

日本還有多個海洋碳匯的例子，神奈川縣橫濱港內建海藻床 19.4 公頃；神戶市冰庫運河海藻床與泥灘棲地復育 1.1 公頃；岩手縣普代村養殖的裙帶菜和海帶獲得橫濱市實施的橫濱藍碳抵換系統的認證，一年收獲約 1,765 噸的裙帶菜與養殖海帶，每年吸收 58 噸二氧化碳，每噸碳匯以 8,000 日圓賣給企業。柳婉郁說：「由於海藻仰賴人工種植，人工種並且可以達成增匯的都可以拿到碳權，海帶能夠儲存的碳比海藻多。日本這一筆碳權交易金額很高，遠比電動車或者是再生能源的碳權高許多，因為自然碳匯對日本企業而言，價值不一樣。」

回頭看臺灣，各企業有心想採購國內里山碳匯，必須先解決社區小農規模過小的先天限制；周素卿教授認為可以採取合作

銀行攜手 NGO 維護水鳥生態

高雄鳥會與國有財產署公私協力，認養布袋鹽田國有濕地，這些土地位於國土生態綠網嘉南海岸濕地保育軸帶，生態豐富，透過廊道串聯、推動棲地改善，以推廣教育等活動讓大眾認識全台度冬水鳥數量最多的棲地。

棲地經營管理需要各界長期支援，除了小額募款外，國有財產署更媒合第一銀行、彰化銀行、台灣中小企業銀行等 3 家銀行提供經費贊助，並鼓勵員工參與工作假期，協助淨灘撿拾垃圾、種樹以及營造東方環頸鴴的繁殖棲地。

國產署媒合銀行贊助已認養國有非公用土地不只這一例，多家銀行提供經費支持 NGO 組織，分別投入布袋、七股、將軍等鹽田的棲地保育。此一模式跳脫單純的減碳面向，更積極投入生物多樣性保護，也提供生態旅遊、候鳥經濟的基礎。

經濟模式，組成小農合作社模式，俾使團結力量大。

目前在國內，已有類似合作經濟組織也在買賣碳匯的需求下因應而生。例如「努力小農」平臺，正是綠色消費者基金會旗下天地和氣公司負責人方儉創辦，為解決有機小農的規模偏小，無法計算碳匯，陸續邀請小農加入。透過填寫過去 5 年的種植紀錄，再實地勘查、加入 APP、定期拍照與書寫記錄、土樣採檢送驗，計算出碳匯量，再經過一道「碳抵換機制」的查驗手續將碳匯轉變為碳權，讓小農在農作生產之外，有了碳匯收益的盼望。目前全臺已有近 400 位小農加入。柳婉郁認為這種帶入參數計算碳匯的模式在國外已發展成熟，臺灣確實可妥善運用，以加速農地所產生的自然碳匯的交易。

企業 ESG 迎來自然揭露時代

臺灣森林面積占國土面積逾六成，原本就存在的公有造林地雖無法計算碳匯增加多少，陳美惠教授仍認為可以透過林下經濟模式，鼓勵本來採慣行農法的農民改採友善農法、種樹等方法，以產生碳匯。陳美惠認為：「企業有需求，由國家來制定一個企業碳權平台，提供優先採購本土碳權，並透過一個組織把大家集結起來。作法就如臺灣里山倡議網絡或社區林業網絡，先建立運作模式是非常重要的。」陳美惠與屏科大森林系其他老師正與農業部生物多樣性研究所團隊合作，藉由已建構的社區林業基地，里山倡議網絡的平台投入，「我們很樂意搭建平臺與大家溝通了解其中的重要性，同時也期望政府能將企業 ESG 媒合進來，這需要跨部會的專案整合，建立運作模式後，相信對後面的推動都會很有幫助。」

事實上，除了火熱的減碳風潮外，國內已經有部分先行者企業的 ESG 投入保育行動，其中，包含黑熊、黑鳶、官田水雉的保育與學術調研等，過程中都有企業的參與。陳美惠認為企業能投入的不僅是資金，企業的技術專長也能幫助里山社區。企業參與里山倡議、社區部落，惠益的不只在碳匯，更能夠保育生態環境，還能進一步幫助里山經濟額外創造 ESG 當中的 S，社會效益。「林下經濟有些監測技術，可結合企業協助，像我們輔導林下養蜂，常遭到虎頭蜂來攻擊，需要有監測及防治工具；還有如企業幫社區改變燈光，架設燈具避免光害，以免影響螢火蟲等，都是企業可以著力的部分。」

不只如此，如果企業參與促進里山地區發展，企業也能從中有所獲得和學習，「這是互惠的合作方式。」陳美惠舉例，相

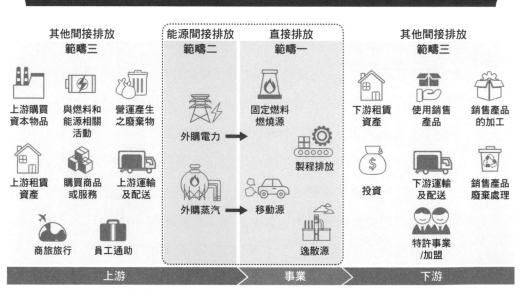

資料來源：環保署溫室氣體排放量盤查作業指引（2022.05）

對高壓的科技業員工，進入森林療癒的社區裡，參與療癒靜心的活動，帶回到自己的工作崗位，平常可以善用讓自己紓壓的方法。「企業也可以培植一個有認同感、供長期紓壓的大自然場域，將來也能成為他企業的場域延伸，供員工培力增能，在社區得到的知識也可以供他們企業研發或材料的可能，ESG 被大量重視之後，對社區也是一個機會，可期待有更多的連結。」

碳盤查／溫室氣體盤查

碳排，指的是溫室氣體排放。要達成淨零目標過程中，各事業、企業的碳排都需進行計量，以作為計算碳排、以及減量驗證的依據。須進行碳盤查的事業、產業由政府逐年公告擴大納入範圍。

此外，依據不同樣態，也有不同計算模式：

1. 組織型碳盤查：

一項活動或產品整個生命週期過程中，所直接與間接產生的溫室氣體排放量。

溫室氣體排放源分成 3 大範疇：

【範疇 1】：直接排放，指公司擁有或控制的排放源，來自製程或廠房設施，以及交通工具的排放。

【範疇 2】：間接排放，指公司自用的外購電力、熱源、蒸氣等能源利用的間接排放。

【範疇 3】：其他間接排放，為公司外部產生的所有間接排放，包含員工通勤或商務差旅等交通，以及產品生命周期所產生的排放。

2. 產品碳足跡：

從一個產品的（或一項活動所牽涉的）原物料開採與製造、組裝、運輸，一直到使用及廢棄處理或回收時所產生的溫室氣體排放量。

他山之石

蘋果電腦公司的永續方案：減碳及保育

　　宣稱要在 2030 年之前減排 75％的蘋果電腦，透過各種碳中和計劃達成目標，各種 ESG 方案遍布全球。由於蘋果電腦遍布世界的供應鏈規模龐大，不僅要求所有供應商都要採用再生能源，更因全球果粉數量驚人，每年追逐新機問世者更數不勝數，雖然汰換的舊機可二手流轉，仍不可避免地產生數量可觀的電子垃圾。因此，該跨國企業宣示 2025 年時，所有蘋果設計的主機板，都將採用 100％的再生鍍金和再生錫焊料。儘管如此，該公司的現有技術仍無法避免的 25％排放量，因此決定優先考慮自然的解決方案，包括多個種下自然碳匯的計劃。

　　蘋果電腦還發起一項首創的碳移除計劃──復育基金（Restore Fund），旨在去除大氣中二氧化碳的同時，可產生財務報酬。2022 年的世界地球日，該公司宣布一項種綠碳的投資，將於巴西和巴拉圭與三位優質林業管理者共同投資，復育 15 萬英畝經永續認證的作業森林，並保護約 10 萬英畝的原始森林、草原和濕地。這些初期林業計劃可望於 2025 年消除 100 萬噸的二氧化碳。

當永續列車
駛進
森川里海

PART 1

全球銳不可擋的
生態永續趨勢

此外，蘋果電腦持續在全球推動社區驅動的氣候解決方案，包括：在納米比亞和辛巴威與世界自然基金會（WWF）合作，促進當地的氣候韌性和永續生計。在肯亞的永續放牧實踐、減少水土流失、自然復育，以及建立女性主導的草類種子庫、具有氣候韌性的牧業生計等。

　　氣候變遷的影響包括無法預測的季風、漲潮、氣旋或颶風或海嘯，徹底改變人們世代賴以為生的生活型態，像印度馬哈拉施特拉邦的雷嘉德地區多個村莊因海水倒灌和人造堤壩遭破壞，當地的人們因而失去莊稼和沃田。更不幸的是，海水反覆沖毀的災難連年，村莊重建了，又被沖毀，每年死傷數百人，這是一個氣候變遷相當嚴重的地方，近年災情更嚴重。這時，扮演碳匯角色的紅樹林，被稱為「藍碳」，能吸收二氧化碳並將其儲存在土壤、植物和其他沉積物中，則成為守護社區很重要的角色。

　　蘋果電腦還相中印度雷嘉德地區的重建計劃，於 2021 年透過資助應用環境研究基金會（Applied Environmental Research Foundation，簡稱 AERF），著手在當地打造能培育紅樹林、受益於紅樹林的生物多樣性和韌性、且能永續發展的替代產業，以保護這些紅樹林的未來。這項保育協議的交換條件為提供村民持續支持，藉著保育土地，並將當地經濟轉型為仰賴紅樹林保持完整和健康，是蘋果電腦公司的 ESG 之一。由此布局可見，ESG 不只減碳，自然保育與社會效益都是重要的考量。

企業迎來揭露生物多樣性資訊及永續報告書的時代
——認識常見的揭露準則

商務客往來頻繁的星級飯店現在都會提醒住客「節約用水」，或鼓勵連住幾晚的旅客儘量不必每天打掃房間。漸漸有些具永續意識的企業在員工出差時，會提醒他們投宿有「LOHAS（Lifestyles Of Health and Sustainability，意指以健康及自給自足、永續的型態過生活）」標誌的旅店。這只是迎接淨零時代各個企業的小小動作而已。把減碳、生物多樣性價值觀放在企業營運的思維裡，已是全球趨勢。

迎向氣候變遷挑戰，碳稅時代來臨

人類從工業革命以降的「碳經濟」邁向低碳生活，當代的企業經營不再只是賺錢繳稅即可。2023 年 1 月 10 日立法院三讀通過氣候變遷因應法之後，我國也正式進入開徵碳費的時代，啟動碳定價機制。在國際上，動作最快的歐盟執委會已於 2021 年 7 月提出「2030 年減碳 55％包裹法案」，自 2023 年 1 月開始實施，涵蓋進口產品項目包含：水泥、肥料、鋼鐵、鋁、電力等。

初期進口商僅須申報其進口產品的碳排放量，不過，從 2026

年 1 月起，進口商必須提出證明在出口國已支付碳稅或碳費且未於出口時退費，以及該產品於歐盟享有免費排放額度。如果無法檢具上述證明文件，就必須向歐盟購買俗稱「碳關稅」的「CBAM 憑證（Carbon Border Adjustment Mechanism，碳邊境調整機制）」，繳交進口產品碳排放量費用。

不只歐盟，在美國、日本、韓國境內也都已有具體提案討論開徵碳關稅。企業面臨陸續開徵碳費的規定，必須有相對應的舉措。

企業自主負責，將綠色營運寫進永續報告書

把「永續」放在企業經營的價值裡，心中有 SDGs 已是企業界的潮流。2008 年包含聯合國全球盟約、聯合國環境規劃署金融倡議（United Nations Environment Programme Finance Initiative, UNEP-FI）在內的多個聯合國旗下組織共同發起「永續證交所倡議」（The Sustainable Stock Exchanges Initiative, SSE Initiative）。用意在促進投資人、企業、主管機關及各地的證券交易所提高在 ESG（環境、社會和公司治理）議題上的表現並鼓勵永續投資，針對 SDGs 提供資金。而臺灣也在 2010 年由金融監督管理委員會制定「上市上櫃公司企業社會責任實務守則」。而後在 2014 年發布「上市（櫃）公司編製與申報企業社會責任報告書作業辦法」，首次要求食品工業、金融保險、化學、部分餐飲業等特定產業，以及實收資本額達 100 億元以上的上市櫃企業，每年製作「社會企業責任報告書」（CSR 報告書）。

從 2014 年到 2022 年間，「上市（櫃）公司編製與申報企業社會責任報告書作業辦法」經過多次修正，要求企業應在報告書中揭露的資訊次第增加，並且在 2019 年第 4 次修正時將提交 CSR 報告書

的企業擴及實收資本額 50 億元以下的上市上櫃企業。2021 年底 CSR 報告書改稱「永續報告書」，並在 2023 年開始擴大納入實收資本額 20 億以上的上市櫃公司。此外，臺灣在 2017 年 12 月發布「臺灣永續指數」，以市場機制鼓勵特定上市櫃公司重視企業永續發展。

從「社會企業責任報告書」到「永續報告書」，皆要求依據全球永續性報告協會（Global Reporting Initiatives, GRI）發布之最新版永續性報告指南以及各行業的補充指南或指引製作。GRI 報導準則是一套模組化的系統，由相互關聯的準則組成。目前適用 2021 年更新的 GRI 通用準則（GRI Universal Standards 2021），包含三部分：一、適用在所有組織的「GRI 通用準則」：GRI 1、GRI 2、GRI 3。二、適用於特定行業的「GRI 行業準則」。目前公布的有 GRI 11「石油與天然氣業」、GRI 12「煤業」與 GRI 13「農業、水產養殖和漁業」。三、包括 34 項特定主題內容的 GRI 主題準則。分經濟、環境、社會三群。企業如何選定自己的主題？在「GRI 通用準則中的有一套評估與決定重大主題的方法與程序，以及如何撰寫揭露項目的準則。

全球一致的永續報告準則架構成為企業必修

《聯合國氣候變遷綱要公約》目標將全球升溫幅度控制在攝氏 1.5 度以內。臺灣也考量國際日益重視氣候相關財務揭露規範（Task Force on Climate-related Financial Disclosures, TCFD），所有上市櫃公司將分階段規範於 2027 年前完成溫室氣體盤查並揭露相關資訊，以利於投資人了解氣候變遷對公司

GRI 304：生物多樣性

GRI 304 為闡述生物多樣性的主題。永續性的環境面向關注於組織對有生命和無生命的自然系統之衝擊，包括土地、空氣、水和生態系統。保護生物多樣性，確保留存住植物與動物物種、基因多樣性及自然生態系統。此外，自然生態系統提供乾淨的水源與空氣，以及提供糧食安全與人類健康。生物多樣性可有助於改善在地生計、減少貧窮、進而達成永續發展。

這個主題要揭露項目包含：企業擁有、租賃、管理的營運據點或其鄰近地區位於環境保護區或其它高生物多樣性價值的地區；活動、產品及服務，對生物多樣性方面的衝擊；受保護或復育的棲息地、受營運影響的棲息地中，已被列入 IUCN 紅色名錄及國家保育名錄的物種。

在臺灣，生物多樣性資訊目前可以透過國土生態綠網藍圖（https://conservation.forest.gov.tw/0002174）進行比對。

影響，也可促使企業正視並有效評估氣候變遷的可能風險。

此外，如我們在前章所述，從歐盟開始，世界各國都著手規劃開徵碳稅或碳關稅。臺灣所有上市櫃公司和以出口為導向的企業，都無法自外於重視 ESG 永續發展的外部環境，必須立即著手因應，以免影響產品在國際市場的競爭力，或被排除在國際大廠供應商的行列。

ESG 日受重視，ESG 國際標準與評級機構也日趨增長，目前最常見的標準，除了前述的 GRI 之外，還有永續會計準則委員會

GRI 重大主題揭露 GRI 200 經濟議題揭露	對應永續發展目標	可納入考量之對應 GBF 目標
GRI 201 經濟績效		目標 5、6、8、10、15、18、19
GRI 202 市場地位		目標 3、22、23
GRI 203 間接經濟衝擊		目標 1、2、5、6、13、21
GRI 204 採購實務		目標 16
GRI 205 反貪腐		–––
GRI 206 反競爭行為		目標 15、20、21
GRI 207 稅務		–––

GRI 300 環境議題揭露	對應永續發展目標	可納入考量之對應 GBF 目標
GRI 301 物料		目標 16
GRI 302 能源		目標 16
GRI 303 水與放流水		目標 1、7、8
GRI 304 生物多樣性		目標 1、2、4、5、6、13
GRI 305 排放		目標 7、8
GRI 306 廢汙水和廢棄物		目標 7、8
GRI 307 有關環境保護的法規遵循		目標 11、12、15
GRI 308 供應商環境評估		目標 15、16、22

GRI 400 社會議題揭露	對應永續發展目標	可納入考量之對應 GBF 目標
GRI 401 勞雇關係		目標 15、22
GRI 402 勞／資關係		目標 15
GRI 403 職業安全衛生		目標 7
GRI 404 訓練與教育		目標 21
GRI 405 員工多元化與平等機會		----
GRI 406 不歧視		目標 22
GRI 407 結社自由與團體協商		----
GRI 408 童工		----
GRI 409 強迫或強制勞動		----
GRI 410 保全實務		----
GRI 411 原住民權利		目標 3、9、22
GRI 413 當地社區		目標 3、9、22、23
GRI 414 供應商社會評估		目標 5、7、15
GRI 415 公共政策		----
GRI 416 顧客健康與安全		目標 15
GRI 417 行銷與標示		可納入考量之對應 GBF 目標
GRI 418 客戶隱私		目標 15、22
GRI 419 社會經濟法規遵循		目標 15

氣候相關財務揭露 TCFD

為因應氣候變遷課題，國際經濟合作論壇 G20 在 2015 年由旗下金融穩定委員會（Financial Stability Board, FBS）成立氣候相關財務揭露（TCFD）工作小組，在 2017 年首度發布一套自願性氣候相關財務資訊揭露架構，並在 2021 年更新，同時針對最容易遭受氣候變遷及低碳轉型經濟影響的重點產業提供補充指引。

臺灣金融監督管理委員會也參酌 TCFD 及各國金融監理機關之指引規範，訂定「本國銀行業氣候風險財務揭露指引」，要求本國銀行自 2023 年起，於每年 6 月底前辦理前一年度氣候風險相關財務揭露。同時分階段要求上市櫃公司在永續報告書揭露氣候相關資訊。

的 SASB 準則，以及專門針對氣候變遷議題的 TCFD 及 CDP（Carbon Disclosure Project，國際碳揭露計畫），接續又有生物多樣性相關的「自然相關財務揭露」TNFD（見本書第 76 頁）。面對如此多元的 ESG 標準、法遵、供應鏈的要求，以及 ESG 評鑑對於投資人與資產管理機構導引投資方向的影響，規劃 ESG 的階段性目標與願景，已成為企業經營管理的必修課。

從實踐 ESG 的創新商業模式中看見企業的永續新未來

在 ESG 與追求永續發展目標的時代，企業將面臨必須有效進行碳盤查等相關揭露、取得第三方認證、以及優化並配合供應鏈的碳中和目標等，都是前所未有的挑戰，也可能帶來新增的營運成本。不過也有企業將此潮流視為契機，把自然資本發

TNFD 的 LEAP 方法

範圍界定	建立工作假設	調整目標與資源

Locate 定位 與自然的連結	**Evaluate 評估** 對自然的依賴與影響	**Assess 評量** 自然所帶來的風險 與機會	**Prepare 準備** 對應風險與機會 並做出回應及報告
L1 商業模式與 價值鏈的跨度	**E1** 識別環境資產、 生態系服務以 及衝擊因素	**A1** 識別風險和 機會	**P1** 策略與資源 分配
L2 依賴性與 影響的篩檢	**E2** 識別對自然的 依賴性及影響	**A2** 降低現有風險 與風險及機會 管理	**P2** 目標設定與 績效管理
L3 與自然的 界面	**E3** 衡量對自然的 依賴性及影響	**A3** 衡量風險與機 會的優先順序	**P3** 提出報告
L4 與敏感區位的 連接界面	**E4** 衝擊重大性 評估	**A4** 風險機會之重 大性議題評估	**P4** 對外揭露

審查與重複

與權益關係人接觸

企業對自然的依賴及影響日益受到重視，帶動「與自然相關財務揭露」（TNFD）的誕生，TNFD 最大的特點在於提出 LEAP 四大步驟作為企業執行的方法。
出處：Guidance on the identification and assessment of naturerelated issues: The LEAP approach Version 1.1 October 2023，p4

展成與 SDGs、ESG 有關的創新商業模式，開發出新商品或者新服務，不僅未減損 EPS（每股盈餘），甚至還能貢獻營收，可說是一舉兩得的 ESG 執行者。

例如瑞典的 IKEA 一年所耗用的木材用來製造家具堆疊起來可造 13 座東京巨蛋，目前是全球 FSC（Forest Stewardship Council，森林

管理委員會）認證木材最大的買家之一。該公司永續來源的木材產量在 2017 年已經增加到 77%（回收木頭或是來自 FSC 認證林場的木材），正朝達到 100% 的目標邁進。

因為木材用量極大，IKEA 與世界自然基金會和其他組織合作，攜手反對非法伐木，並且提倡負責任的木材交易。2002 年起，他們在 7 個國家裡開始進行 5 項森林專案，並與 14 個國家合作多項專案，支持值得信任的森林認證，包括劃分及保育具有高保護價值的森林，維護生物及社會森林價值。

截至目前為止，IKEA 與世界自然基金會已攜手協助歐洲及亞洲多個國家改善森林管理，將森林管理委員會認證森林的面積增加約 350,000 平方公里（相當於德國的面積）。

此外，特別值得一提的是 IKEA 也參與了全球最大的雨林復甦計劃。1983 年位於婆羅洲東北部的沙巴，被大火摧毀逾 18,500 公頃的雨林。在眾人的努力下，迄今，已有 12,500 公頃（相當於 26,000 個足球場）的雨林重生，猩猩和幼象終於找回了牠們的天然棲息地。雨林的復育也回應了 GBF 目標 2 劣化生態系的復育。

和 IKEA 同樣為「老字號」的臺灣水泥股份有限公司（簡稱台泥），也在 ESG 這條路上做了努力。水泥業是高汙染與高耗能的行業，但台泥投入碳捕捉、利用與封存技術（Carbon Capture, Utilization and Storage, CCUS），捕集水泥製程中的二氧化碳，用以養殖微藻，將收集所生成的蝦紅素開發成保養品販售。此外，台泥還投入高達 222 億元在包括綠能、廚能等綠色投資案，積極跨出 ESG 轉型的一步。

里山小農的碳匯行動

　　自然碳匯受到重視的同時，規模屬於小型、微型的里山農夫如何從碳匯獲得收益？在國內外都已經開始有相關的組織或平臺設計機制，國內以「努力小農」腳步最為積極。

　　「努力小農」是綠色消費者基金會推動的種碳專案，採用國際自願性減碳標準認證機構黃金標準（Gold Standard）開發的土壤有機碳框架方法學，以土壤中的有機碳變化作為減碳認證的標的。透過這套方法學架構臺灣小農計算碳匯的基礎線、期程、是否有碳洩漏等，以測出土地有機碳的百分比，預計這套種碳計算機制在 2023 年底完成。

　　農糧部門的二氧化碳排放量占全球人類活動溫室氣體排放量的 34%。綠色消費者基金會董事長方儉認為，應該將農業視為碳匯的新希望才對。目前其他部門的碳捕捉與封存要如何符合成本效益、經營模式與會計準則都還只是概念，但農業不同，農業已經有 1 萬年以上的歷史，只是「現代化」的重機械、化肥，及農業的不當使用，造成土壤碳匯的大量流失，同時產生氣候安全、糧食安全的問題，如果能長期且妥善開展土壤有機碳增匯的方法，則可以建立土壤碳匯的機制，成為地球長期的土壤碳庫，同時解決氣候和糧食安全的危機。這也是「千分之四倡議」的宗旨。

　　至於荷蘭國際驗證單位 Control Union 採行的則是以驗證標章方式，對參與的「再生農業農法（Egenerative Agriculture）」獨立農場、合作社農場或者供應鏈進行稽核與驗證。Control Union 也是採用黃金標準，但評分標準包含作物生產、家畜管理、生物多樣性與生態管理、水、汙染、能源等管理，以及溫室氣體排放等管理等多項。目前全球有美國、土耳其、英國、西班牙、以及亞洲國家 66 萬公頃農地、6 萬農夫參與。主要的認證農產品有棉花、咖啡、黃豆、小麥、芒果以及畜產品。

企業執行生物多樣性行動指引

在永續發展目標和愛知生物多樣性目標等具有國際共識的目標指引下，企業更需專注於森林、水、土地等自然資源的合理利用，而隨著 ESG 投資、ESG 金融的出現，金融機構逐步將企業自然保育行動列入投資評估中，在國際上也出現愈來愈多生物多樣性行動的指引。

①自然資本評估 Natural Capital

2016 年由自然資本聯盟（Natural Capital Coalition）發布，用意在提供一標準化框架與工具，協助企業鑑別、評估自然資本的直接與間接影響（包含對企業本身、社會的影響）以及對自然資本之依賴性。自然資本被定義為可再生與不可再生的自然資源的存量（例如動植物、土壤、空氣、水、礦物等）對人類產生的綜合性利益的總和。尤其在完成評估之後，需付諸行動，應用評估的結果整合進企業營運發展與決策中。

②自然相關財務揭露框架（Task Force on Nature related Financial Disclosures, TNFD）

由聯合國開發計畫署（UNDP）、聯合國環境規劃署（UNEP）金融倡議組織、世界自然基金會（WWF）、全球樹冠層組織

（Global Canopy）共同發起，於 2023 年 9 月公開發布 1.0 版本。為了鼓勵企業在做氣候相關報告揭露時也考量自然相關問題，沿用了與氣候相關財務揭露（TCFD）的架構並做部分調整，被認為可以用來修正永續目標過度關注氣候變遷。

TNFD 認為自然涵蓋了陸域、海洋、淡水、大氣層，自然的資源及所提供的生態系服務提供人類生存與經濟發展。並且強調企業在評估「環境對企業」的風險時，也要同時考慮「企業對環境」的風險（雙重重大性 Double materiality approach）。揭露的框架包含評估對自然的依存及風險，以及造成哪些生物多樣性影響，與生態敏感地區、生態系快速下降地區、缺水地區的互動及關連，如何鑑別與管理自然風險，並納入原住民、當地社區、利害關係人，以及自然與氣候的目標如何協同並進等等。

此外，更提出「LEAP」方法，分別代表定位（Locate）、估計（Evaluate）、評估（Assess）、準備（Prepare），以確保從企業直接資產、營運活動以及價值鏈的相關的自然資產不被破壞。

③基於科學基礎的自然目標 Science-based Targets for nature

基於科學基礎的自然目標在 2023 年 5 月正式發表，這是由碳揭露專案（Carbon Disclosure Project, CDP）、聯合國全球盟約（UN Global Compact, UNGC）、世界資源研究所（World Resources Institute, WRI）、世界自然基金會，沿用其共同發起的「以科學基礎之減碳目標倡議」（Science Based Targets initiative, SBTi）架構推動的。目標在使企業能和生物多樣性、氣候變遷、土地退化等相關公約以及聯合國永續發展目標（SDGs）所設定目標達成一致性的行動。

PART

2

台灣的生態保育永續工程

2—1
臺灣國土生態綠網
因地制宜保護森川里海

人類對於環境的各種利用活動，包括開闢道路、興建屋舍、集約式農耕等，再再造成珍貴的自然棲地不斷消失。不僅整體面積下降，個別棲地更在破碎、孤立、縮小等情況下，更容易受外界壓力的干擾，讓殘餘的棲地碎塊因為太小不足以支撐許多物種。生態系統中重要的多樣性鑲嵌地景也不斷消失，也可能因為孤立，降低個體在地區上的交流，致使族群基因庫多樣性下降，破碎而孤立的棲地零散的擠在「不友善」的土地利用環境中，進而影響物種的長期存續。

國土生態綠網，編織起一張臺灣專屬的綠色網絡

在臺灣，由於地小人稠，平原地帶幾為人口稠密的都會市鎮，淺山地區也多為私人土地，2018 年由林務局（今林業及自然保育署）啟動「國土生態保育綠色網絡建置計畫」，串聯河川、綠帶，連結山脈至海岸，編織「森、里、川、海」廊道成為國土生物安全網，提升淺山、平原、濕地及海岸之環境韌性與調適力，維護生態功能及生物多樣性。

直貫臺灣全島的中央山脈，其森林生態系目前多已獲得有效的保

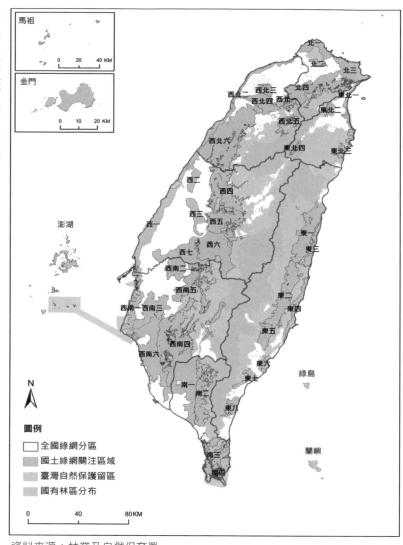

國土生態保育綠色網絡

馬祖

0 20 40 KM

金門

0 10 20 KM

澎湖

綠島

蘭嶼

北一
北二
北三
北四
東北一
西北二 西北三
西北四 西北一
東北二
西北五
西北六
東北四
東北三
西二
西四
西三
西五
西一
東一
西六
東三
西七
西南二
西南五
東二
西南一 西南三
東四
東五
西南四
東六
西南六
東七
南一
南二
東八
南三
鵝鑾

N

圖例
☐ 全國綠網分區
▨ 國土綠網關注區域
▨ 臺灣自然保護留區
▨ 國有林區分布

0 40 80 KM

資料來源：林業及自然保育署

**當永續列車
駛進
森川里海**

PART 2

台灣的生態保育
永續工程

護，但在中央山脈與濱海之間的土地，礙於過去的土地開發利

用未顧及生態保護與保育，山脈與海岸生態棲地系統的開發痕

跡無所不在，不斷被逕行切開。如何補綴縫合土地開發利用時，

遭破碎化的生態系統，以及逐漸消滅的生物多樣性，已是當代

最迫在眉睫的議題，更是國土生態綠網計畫的首要目標。

七大行動策略，跨單位、跨平臺擴展生態綠網

不過，除了國有林、國家公園、國家級濕地等，對低海拔及淺山地區都屬民眾生產與生活的空間，如何在私有地上推動兼顧經濟與生態環境的永續發展模式、修補破碎棲地，成為現階段棲地保育的重要課題，這正是為何必須跨出保護區與國有林，保全私有地的農田棲地，到全面推動國土生態綠網的主因，也和「昆明—蒙特婁全球生物多樣性框架的目標3，納入保護區和現有保護區外的「其他有效保育地」（OECM）不謀而合。

在保育意識升溫的21世紀，往昔透過環境影響評估即可施行的公共工程，現在則可能因為環境議題導致爭議難息，進而延宕時間與耗費預算，藉由綠網平臺作業，於工程規劃之初即導入各項生態保育概念，有助於開工後亡羊補牢的資源耗費與爭端迭起。此外，近10年來企業與商業體系開始重視對社會與環境的責任，當企業在評估自然相關揭露時，可先由國土生態綠網藍圖，檢視所在區域的生態議題，進而評估企業本身生產、原料等面向，並可參與區域綠網的保育計畫。

國土生態綠網計畫涵蓋了七大行動策略，包含整合與完備圖資與生態監測的「健全國土生態綠網藍圖」、健全與縫補棲地的「生態植被復育與入侵種移除」和「生態廊道串連與動物通道建置」、挽救珍稀物種瀕危的「高風險地區與瀕危物種保育」、以及為擴大其他有效保育地，保護生態多樣性熱區，近年來已見各社區蓬勃成果的「友善生產環境之營造」與「里山倡議與地景保育推動」，此外，涵蓋社區與非社區民眾的廣泛關注與參與，並永續運用生態資源創造綠色產業「公眾參與及國土生態綠網環境教育推廣」，更將生態

保育行動從專家、居民及重要關係人一舉擴及社會大眾。

讓大自然與人類順利攜手，共譜生命新樂章

「國土生態綠網」藍圖建置過程中，依據生態棲地與生物多樣性為基礎的空間規劃。這與與生物多樣性公約 GBF 目標 1 對於土地利用進行綜合空間規劃的重點不謀而合。過程會依據地理區位、氣候（包括溫度、雨量）等條件，以演算法進行地理氣候區的分類，完成全台生物多樣性熱區、重要關注里山地景及關注水域的分析，被指認的「國土綠網關注區域」，包含主要關注棲地類型、重點關注動物、重點關注植物及指認目的。

例如被編為「北三區」的東北角，因為「東北角獨流溪、海岸林及沙丘，以及雪山山脈北端尾稜的雙溪、貢寮一帶，具備淡水濕地及水梯田，連結周邊溪流、草地、森林等自然環境，營造里山友善生產地景，保存淡水濕地生物多樣性」這樣的指認目的，整理出其關注棲地類型有獨流溪、淡水濕地、水梯田、水田、里山生產地景以及森林，關注動物有穿山甲、食蟹獴、食蛇龜、柴棺龜等 14 種，關注植物有石碇佛甲草、海米、基隆蠅子草等 12 種。

如此透過盤整歷年生態調查、棲地狀況、地景資訊、各地關注議題及專家意見，綠網藍圖完成全臺生物多樣性熱區、重要關注里山地景、關注水域的分析，指認了全臺 44 個國土綠網關注區域。考量棲地復育與串連優先性，並進一步設定 45 條區域保育軸帶，依主要棲地樣態，分為丘陵型、溪流型、平原型、海岸型及離島型等五種類別。以前述的東北角，畫有「東

國土生態綠網的七大行動策略	
健全國土 生態綠網藍圖	完善建置現階段已指認之 8 個綠網分區及 44 處關注區域資訊，發展區域綠網藍圖，包括關注議題、棲地、物種等資料之深化，並強調空間區位之連結； 系統性追蹤與評估計畫對於改善生態物種保育、生物多樣性、生態棲地與生態環境之效能； 強化開放圖臺建置與維運工作，促進工程單位及其他公私部門之使用； 深化不同專業、單位與空間的跨域合作，開啟公部門、縣市政府與民間的綠網協力平臺。
生態植被復育與 入侵種移除	執行全臺平地至淺山間綠網生態關注區域河川兩岸及農田溝渠岸邊土地、內陸避風老化林木海岸林、珍稀植物復育等工作； 栽植原生樹種營造多樣化複層植栽廊道，並針對入侵外來種植物辦理移除，建構適宜野生生物棲地環境。
生態廊道串連與 動物通道建置	針對綠網藍圖評估之高風險、低韌性生態環境地區，借鏡國際之「基於自然的解決方案 (Nature-based Solutions)」，提出對應之保育和復育策略，例如配合周邊地景分析與路殺資料，在高風險路段設置動物通道、溪流與河川友善工程與護溪、農田灌排友善設施等。
高風險地區與瀕 危物種保育	推動高風險地區與瀕危物種保育對策，對 22 種瀕危物種分析並排除物種威脅因子，尋求並以具體行動使族群數量止跌回升。 推動野生動物救傷、受脅植物復育場域營造建置、生態服務給付案例操作與輔導等工作。
友善生產環境之 營造	臺灣鄉村社區「社會—生態—生產地景與海景」保全、維護與活用，發展並推廣綠色保育標章認證制度，於里山、里海場域輔導友善農、漁業生產，並連結有機及友善耕作農地，整合執行成果與惠益。
里山倡議與地景 保育推動	推動里山倡議夥伴關係網絡（TPSI）與地質公園網絡，與在地社區與農民攜手對關注區域內「社會—生產—生態」地景發展保全活用對策和在地行動方案。 參與國際型研討及成果發表，提升我國生態保育事務之國際能見度及貢獻。
公眾參與及國土 生態綠網環境教 育推廣	推動綠網關注區域內林區之公私協力，進行環境營造及維護，發展環境教育等。 整合在地文化特色，融入生態資源，促進地方產業經濟與綠色產業發展，並配合進行里山及綠網成果推廣，爭取大眾對「人與自然和諧共生」理念之支持。

資料來源：林業及自然保育署

北角溪流保育軸帶」便是溪流型，涵蓋範圍為雙溪河水系，龍門鹽寮沙丘、濱海第一道丘陵稜線兩側，田寮洋平原水田、貢寮雙溪水梯田以及大屯火山區、東北丘陵區之綠網關注獨流溪集水區，關注保育軸帶範圍內楠櫧林、溪流、河口濕地、河岸濱溪帶、植生沙丘、草澤、農田、水圳、埤塘、海岸林之棲地類型，其間 29 種包含陸域水域的動植物關注物種，如食蟹獴、黑鳶、灰面鵟鷹、長尾蜻蜓、黃腹細蟌、青鱂魚、基隆蠅子草、厚葉牽牛等。

全國生物多樣性圖資整合成為國土保育治理利器

以往各學術機關與專業單位累積豐富的生物多樣性資源調查資料，但資料卻分散在不同部會，不利於整合運用。因此，國土生態綠網的重要任務之一，即是整合盤點歷年生物多樣性資料，藉此分析指認全臺生物多樣性熱點、重要生態系與需關注區域，相關圖資必須充分開放運用，供公私部門的利害關係人得以獲得一致的資訊基礎，跨部門與專業的資源也才有整合的依據。

同時，跨部門必須整合以避免開發與生態保育零和發展，亟需進行跨域整合國土規劃、水利、交通、環境等不同部門，於規劃階段即考量兼顧不同利害關係方的做法，才以生態系服務與永續發展為前提，在生態環境與開發間找到雙贏的方案。

藍圖的指認與建置，為國土生態綠網計畫能夠被實踐的第一步。「國土生態綠網圖資」平臺在 2023 年上線（https://conservation.forest.gov.tw/TEN），國家生物多樣性空間的治理

自此公諸於世，也成為我國國土計畫最上位的施政依據。這些資料都充分公開，供各界自由下載運用，國土綠網圖資也可以透過內政部「TGOS 地理資訊圖資雲服務平臺」（https://www.tgos.tw/）查詢。

此外，國土生態綠網另一個特色，在於將生態保育過程中最重要的「人」的因素納入，導入里山倡議，透過農林漁牧等農業生產地景的經營，達到經濟、社會和生態永續性目標的「社會—生態—生產地景」，也就是森川里海。而推動的方式因地制宜，靈活運用輔導友善生產、推動綠色保育標章、發展生態旅遊等綠色產業、盤點與傳承傳統知識、以及多元環境教育生態教育活動等方式，捲動社區投入。圖資中列出陸域關注區域也涵蓋了透過農林漁牧等農業生產地景的經營，其中已有多個社區聚落，自主盤點並保育維繫生活生產的地景，以地方傳統知識結合創新理念。

唯有具體且全盤掌握全國棲地與自然保育空間，相關保育工作才得以有效推動。而臺灣的淺山、平原與海岸濕地緊鄰人口稠密的都會環境，面對工程開發、農地利用型態轉變所衍生的棲地喪失與破碎化不斷，期許能透由生態綠網串連並縫補低海拔淺山地區、平地及海岸等區域的生態，使人口稠密地區的生態系統得以保留或補綴。

而要達到保育效果，社區扮演舉足輕重角色。在國土綠網架構下善用、永續利用生物多樣性資源、發展綠色產業，將是保全、保留國土生態的關鍵。此外，企業 ESG 兼顧環境與社會的治理更可以國土生態綠網圖資作為客觀依據，藉此一圖資參與社區友善生產、特有生物棲地維護、自然碳匯等。

以國土生態綠網銜接永續生物多樣性架構

不只企業 ESG，國土生態綠網的七個行動策略，也成為國內自然保育工作銜接永續發展目標、GBF 架構等行動目標的機制。包含呼應到 SDGs 永續發展多項目標，包括目標 11、14、15、17 的永續城鎮與社區、保育海洋與海洋資源、保護陸域生態、促進目標實現之夥伴關係。

除了對應 SDG 14、SDG 15 對於海洋保護與陸域多樣性的維護之外，更貫穿了 SDG 2 提高農村與農業生產者收入，並促進永續農業，SDG 6 對水資源進行永續管理，保護及恢復跟水有關的生態系統，SDG 11 增進氣候變遷的調適，SDG 12 責任生產與消費，將自然資源永續運用，SDG 13 強化各種災害風險的調適能力、SDG 16 提供居民公平合理的參與以及決策管理之權責、並且透過里山倡議夥伴網絡與國際分享交流，達成 SDG 17。

而 2022 年，聯合國生物多樣性公約第 15 次締約方大會（COP15）中提出 GBF23 項目標中，更有多項目標與與國土生態綠網的工作相呼應。包含目標 1、2、3 的整體空間規畫、劣化地生態復育及保護區域經營管理，除就地保育（area-based conservation）外，還包含目標 4、5、6、9 的野生物種與外來入侵種的經營管理，同時重視目標 16 永續生產系統的建置興培。此外原住民族和在地社區（Indigenous Peoples and Local Communities, IPLC）更一直是國土綠網關注的核心之一，透過包含政府部門在內的跨部門合作，帶動蓬勃的公私多元參與。

農漁山村生態永續的第一線是社區的人

　　人，才是維護土地最重要的因素。保育無法脫離人和產業的需求，必須先滿足居民的生存與生活，才有辦法進而考量其他生物。也因此，保育行動要能持續，必須在照顧居民需求的條件下，尋找在地社區願意一起參與的方式。

　　昆明─蒙特婁全球生物多樣性框架中的行動目標 22 提出：「確保原住民和地方社區在生物多樣性相關決策制定、正義和資訊取得方面得到充分、平等、包容、有效和反映性別的代表和參與。」更明訂擴及「尊重其文化、對土地、領土、資源和傳統知識的權利，以及女性和女孩、兒童和青少年，以及身障人士的參與，並確保對捍衛環境人權者人士的充分保護。」屏科大森林系陳美惠教授指出這項目標正視原住民和地方社區居民對於自然資源的經營、生物多樣性的保育和永續的決策參與權，更呼應在國土生態綠網下，臺灣過去里山倡議與社區林業的培力，可說是超前走在正確的道路上。

　　長年投入輔導社區林業，以前陳美惠常聽到當地居民抱怨，「我怎麼這麼倒楣，家被劃進國家公園裡？」或是「我怎麼跟國家的林

班地為伍？」開發和運用受到諸多限制。「但如果轉變思維——我們居住在這地方的經濟模式要有別於傳統的工商模式，想法跟視野就會不一樣。」這是居民能夠參與決策，願意參與資源的管理下的轉變，對自然資源與生態保育產生極大的正面助力。

部落成員的永續共識與智慧，讓比亞外成為現代桃花源

外人視為桃花源的比亞外部落，其實是經過部落成員共識後，才得以維繫出今世的桃花源。現在部落人遵循著「Gaga」將部落連結山林。

比亞外從泰雅族的狩獵文化轉到農耕生活，部落資源的資源更需要共享共用。光是水源就是休戚與共的灌溉與民生資源，大家都有共識明白護住水源的重要性。而部落事務的決策就仰賴居民們一起坐下來共同研議，彼此間必須有共識，曾經輔導過他們有機耕作的吳美貌談到這點就欣慰不已。而早期部分居民對於投入有機種植或許有觀望，然而有機枇杷和五月桃等作物的口碑傳出，通路無虞下，紛紛願意投入友善耕作，共同塑造「無菸無酒」部落形象。比亞外的里山實踐早在「里山倡議」（Satoyama Initiative）的機制之前，顯示社區由下而上的共識，才是里山維繫的根本。

臺灣推展里山倡議以來已培植出不少亮點，然而這些農漁山村人口流失的隱憂總是揮之不去。為避免農村人口持續流失、老化而推動的地方創生還得要找到社區的生產動能，唯有具有

產業化的動能，才能把人根紮在地方上。

因著努力，雙連埤居民喚回香氣，找到旅遊亮點，創造在地經濟

通往福山植物園必經的宜蘭縣員山鄉雙連埤社區，緊鄰野生動物重要棲息環境，遊客往返頻仍，常教社區老人家不解。這裡是國家重要濕地所在，生態豐富貴重，林業保育署多年前就在此進行復育；然而社區缺乏產業，年輕人都外移。石薺薴的復育，讓消沉的限界集落有了新機會。

生長於雙連埤的石薺薴（*Mosla scabra*），是雙連埤人自幼熟悉的氣味。當北風吹過當地村野，一枝枝乾枯的植物迎風搖曳，隨風撒出大量微小的小堅果，一股怡然的香氣漂浮於空氣中，老一輩的雙連埤人在孩子長痱子時，用以給孩子們泡澡，洗完渾身清芬清爽，因而有「痱子草」的俗名。毫不起眼的石薺薴遍布臺灣平地到低海拔淺山間，各地都賦予各種名字，蚊子草、土荊芥、野香茹、野薄香，問起老人家都還留存著記憶與應用方式。

農業部林業試驗所福山研究中心研究人員試著媒合提煉石薺薴的香氛與精油產業，詢問了正建構臺灣療癒植物地圖的肯園國際投入契作的意願。肯園要求種植石薺薴的田區必須至少一年不曾使用除草劑，未來種植期間也不得採用農藥、化肥及除草劑的慣行農法。

然而一切都得先有人願意種。新產業難免讓人躊躇，找人找地並不容易，雙連埤地區永續發展協會理事長黃玉明率先拿出一塊土地，解決地的問題。為了鼓勵居民投入，願意加入契作的農夫只要支付

部分整地費用。第一年就吸引了 12 位農民以及 1.4 公頃的土地投入種植。

當田區逐一種下石薺薴後，也帶動了周邊的野溪復育。原本雙連埤逐漸水泥化，讓涵容空間再三緊縮，當地僅存唯一的一條土溝，也岌岌可危。社區組織的主要參與者對此感到憂慮，黃玉明說服私有地主縮減農耕範圍，擴大洪氾時的溢流空間，還兼容了生物的生態棲息環境，這就是陳美惠教授耳提面命的，社區發展一定要納入生物多樣性的核心價值，也展現了在地智慧，呼應國際社會體現以自然為本（NbS）。

契作的人與土地取得問題雙雙解決後，肯園國際加碼為保留野溪盡一份力，另外提供經費雇用機具施工。既保留了雙連埤唯一一條野溝，石薺薴也可栽種在強韌健康的土地上。符合「臺灣 21 世紀議程：國家永續發展願景與策略綱領」其中永續環境面向的關於自然保育、生物多樣性與保護海岸濕地的策略：復育已遭破壞或劣化之既有自然環境資源。

石薺薴精油與分類研究始於日本時代臺灣總督府中央研究所工業部的藤田安二，他把石薺薴稱為「臺灣犬香薷」，為紀念藤田，社區把復育的石薺薴名為「臺灣犬香薷」。新經濟模式也創造了雙連埤的生態旅遊初模，社區期盼這套恢復傳統農作物加上保護野溪溝的里山經濟模式，能將犬香薷打造成臺灣薰衣草，為願意返鄉定居的年輕人，帶來一份穩定的收入。

擁有居民認同與參與，生態永續之路才能走穩走遠

上述社區投入的無論是友善生產、或棲地的復育，這些由下而上的里山實踐都在國公有保護地之外，藉由私部門（包含企業及非營利組織）的運作，由社區居民與農民有意識地從生活或生產轉型過程中實踐生態保育與棲地環境維護，縫補了國土綠網。2022 年通過的 GBF 就陸域及海域保護域提高 30%，同時也納入「有效保育地（OECM）」的概念。陳美惠教授認為「私人地可以納進來。在我國推動里山倡議後，鋪了一層底，住在里山地區的民眾參與保育，將能貢獻於國土生態綠網強調的達到生物多樣性。」在未來，完全由企業、非營利組織與社區民眾自行組織、主動投入的保育行動，將受到更多期待。

社區居民的主動意願與意識是里山倡議以及地方創生的務實面絕對必要的存在，國土生態綠網計畫下，不少社區借力使力的發展友善生產，展開生態資源永續經營。然而若社區沒有主動意願與動能，空有政府資源也難以開花結果。

當永續列車
駛進
森川里海

PART 2

台灣的生態保育
永續工程

2—3
SDGs 的課題與目標
臺灣里山常見的永續問題
——勞動力、產銷、技術傳承、重要關係人

空氣、水、土壤等孕育生物多樣性的自然資源，以往不必計算成本，再再被人們過度耗用之下，地球資源的問題不斷浮上檯面，各種倡議與目標因應而生。而「里山倡議」的目標，無非是為了實現人和自然和諧共處。

如何履踐里山倡議，挽救積重難返的生物多樣性，有所謂的三摺法，包括：願景、方法及關鍵行動方向。首先要確保多樣性的生態系服務與價值，其次整合傳統生態知識與現代科技，鼓勵創新，最後，謀求新型態的協同經營體系，重視權益關係人的參與與合作。

以澎湖、池上、華南社區為例

對很多農漁山村而言，未必知道什麼是「里山倡議」，卻早已在日常生產與生活中實現了里山精神。然而，要健全且永續一座里山社區，想要顧全生態、生產、生活的三足鼎立，必須強化包括：勞動力、產銷系統、技術傳承、重要關係人的動能，才可能建構名副其實的里山聚落。

里山倡議的三摺法

一個願景

實現人類社會與自然和諧共生

↓

三個方法

- 確保多樣性的生態系服務和價值
- 整合傳統知識和現代科技
- 謀求新形態的協同經營體系

↓

五個關鍵行動方向

資源使用控制在環境承載量與環境恢復力的限度內	循環使用自然資源	認可在地傳統與文化的價值	促進各方利益關係人的參與合作，投入自然資源和生態系服務的永續和多功能管理	貢獻於在地社會與經濟

雖然人往往是自然環境被破壞的主要原因，但也是維繫里山聚落存續最重要的要素。

課題：藉由社區歷史探索重新找回技術傳承的鏈結

在長久以來年輕人都往外跑的澎湖，2017 年之後緣起於幾位大學生返鄉，逆向把自己的生涯與澎湖牢牢鏈結在一起，著手修護被當地人逐漸棄置的石滬，使得澎湖似乎亮起星點微光。

由 64 座大小島嶼組成的澎湖，可溯源自 17 世紀的石滬，曾

是當地漁家仰賴的捕魚工具。漲潮水滿，魚就藏在石滬裡，水一退，魚出不來，就成為當天輪值巡滬的漁家漁獲。

石滬建造面積龐大，建造相當耗費成本、心力、時間，少數由單一滬主擁有，多數都採取幾家漁家合作建造、共同管理修護的模式，最常見的合夥人包括宗族、地緣以及宮廟信眾，彼此間堅守一本「滬簿」，也就是公司章程，應該可說是早期的合作經濟模式，因為漁獲效率甚佳，遍地開花於澎湖各島。直到近海漁業日漸枯竭，機械船隻愈發達，加上原造持有的家數代代相傳，產權逐漸糾結複雜，股份日益細碎，分配巡滬的家戶數愈來愈多，石滬捕魚法終於走下坡，本是海上長城的石滬崩壞於海坪下。

創辦「離島出走」、「澎湖石滬資訊平臺」的兩位澎湖年輕人楊馥慈和曾宥輯，原先循著當地年輕人路徑，念大學時離開澎湖到臺灣就學。豈料到臺灣之後，才發覺對海、對澎湖一無所知，就此勾動了鄉愁，楊馥慈趁著寒暑假返回澎湖的機會深入了解故鄉。

2017 年，楊馥慈第一次聽聞修石滬的提議。澎湖當地人曾有過靠漁獲收入 10 塊錢裡有 8 塊來自於石滬的好光景，但一群連石滬捕魚的原理是什麼都要從頭學起的年輕人，開口說要修石滬，自然四處碰壁，直到遇到湖西鄉紅羅社區理事長、該村石滬工班班長的「坤哥」洪振坤，才開始戴起手套，肩挑二齒耙和拔釘器，學著在烈陽下掄起工具，挑起石頭，學著分辨潮汐。每天愈搞臉愈黑，楊家阿嬤狐疑孫女到底每天早出晚歸做什麼事，問起才知自家也有舊滬。既然要修別人家的石滬，何不從自家修起？

年輕人修石滬在澎湖變成一樁傳奇。離島工作室接連兩年修復潭

邊村和紅蘿村的石滬，不僅當地人投入，還吸引了許多外地年輕人參與。有的石滬由集漁功能，轉為生態旅遊和環境教育。投入石滬修復之後，他們不僅認識了無數出現澎湖海域的魚蝦貝以及鱟這種最老的生物，累積了推廣澎湖生態旅遊的素養。被稱為「滬博士」的曾宥輯也整理了包括臺灣各地石滬的歷史，還開啟和國內外石滬研究者之間的交流。

從修石滬起了頭，離島工作室重新撿拾起澎湖漸漸被遺忘的里海生活方式，包括刺網拋網、手釣魚、捻海菜挽紫菜、自編魚簍草鞋，深入了解家家都有的醃漬海味。楊馥慈說：「原來，回家的路，在海上。」因為有了年輕人力，得以串起世代之間的傳承，保住石滬這項傳統捕魚技藝，探索並投入對海域的永續保育，重新拾攄富含生態永續原則的傳統智慧下的里海生活。

課題：翻轉學校教育挽救社區人口流失

坐落在雲林淺山的華南社區，鑲嵌著水稻田、竹林、次生林、原始林、果園、養雞場等，其間生長著各種淺山的動植物，完全貼合里山倡議的「土地利用策略是依據複合式生態系統架構」。

這座山村被列為全臺灣人口最少的村莊，曾經村裡看不到50歲以下的青壯年，在2007年時社區唯一一座小學的華南國小僅剩23名學童，是標準的人口老化、青壯外移的「限界集落」。守候著山村的老人家坐擁果園或竹林，在熟悉的老家，卻難以期待移徙外地的子孫返鄉，因為社區缺乏產業可供年輕人安身

立命，從農的勞動力和產銷動能都不足。

　　勞動力不足是里山聚落最大的問題，華南社區也不例外。社區的果園大多種植柑橘柳丁；麻竹筍和桂竹筍是年年收成的主要作物之一；此外栽植文心蘭與愛玉，也有經營土雞場和放牧蛋，農夫個人收入穩定，然而整個社區的公共事務缺乏動能，包括基本的衛生醫療付之闕如。

　　幾經奔走，當地醫療站成立之後，整座華南社區似乎也動起來。從華南國小這所可能會被裁併的小學開始，為避免廢校發展校學特色，帶動社區產生轉變，學校擔起承載和傳遞知識的平臺，把整座村落的老老少少串起來。

　　前後兩任校長與學校教職員導入結合里山特色課程。學生們認識、熟悉自然環境、參與共生田農作，甚至學會手沖咖啡，參與義賣，把盈餘投入公共事務：捐給社區醫療站以及 311 大地震後的日本等，淬鍊出孩子親身參與社會的第一把能量。

課題：共生田生態課程串連社區重要關係人

　　充分發揮社區自然與產業資源的校本課程口碑傳出後，吸引其他鄉鎮家長跨區送孩子來就讀。孩子畢業後，家長和社區保持密切聯繫，繼續扮演起重要關係人的角色。開闢出一條由教育和生態出發，把人帶進里山的路徑。2019 年，更在學校團隊的引領下，帶著華南社區的經驗，飛往日本的里山聚落進行交流，展開了建立國際夥伴關係的扉頁。

　　由學校生態教育起頭，華南社區盤查境內動植物的生態，養成居

民自動自發調查物種的習慣。盤查之後，社區更齊力於創造適合境內生物棲息的有利條件，例如得知境內有喜吃青剛櫟的大赤鼯鼠入住，特別在淺山林間種下青剛櫟。實踐了永續發展目標 15 的為保護陸域生態做出貢獻，同時，也符合里山倡議「三摺法」之一的願景——土地的利用策略必須建構在認清複合式生態系統的重要性之上，力圖兼顧生產與保護生物多樣性及生態系統服務之間的平衡。

課題：開創銷售管道以延續里山產業

近年來里山社區友善耕作蓬勃，然而銷售總是困擾農家，也因此許多農業產銷平臺因應而生。不過華南社區的產銷分工，毋須仰賴外部平臺。透由社區發展協會開闢新通路，專攻企業客戶，並鼓勵農友們逐漸採取有機種植，研發各種新加工品，售後服務更邀請城市的買家們蒞臨社區，維繫長期關係，也將雲林其它山海間的好物納入，形成一共好的展銷平臺。當社區將多餘的產業利潤回饋到社區照護上，形成一個活水循環系統，不僅實踐了里山倡議的關鍵行動之一的「貢獻在地社會—經濟成長」，也落實永續發展目標 12 的責任消費與生產循環。

往昔寂靜老化的社區活絡起來，在里山聚落常遇到的技術傳承問題逐漸有解，有愛玉與柑橘的農家第二代願意返鄉接班，得以傳承下去種植的技術。從限界集落翻身成為金牌農村的華南社區，至此，已達成永續發展目標第 11 項的「營造出具有豐富生物多樣性的社區，提高居民的認同感與共榮感。」

而社區決策也符合里山倡議的「聚焦於當地社區的決策並以多方權益關係者的共識為基礎」，不遺餘力地以共識決策方式為基礎，投入永續經營管理策略的規劃、執行與評估，境內土地的分區運用以達到利用、保育與更新三者間的平衡，並且確實提供給學童及成人做為環境教育的場域。

課題：提升技術創造社區品牌價值

　　曾經在 2013 年因為雲門舞集的《稻禾》舞劇演出，登上《紐約時報》大半版面的池上鄉，其萬安社區的土壤黏性重、水質絕佳，所生產的米質優良可口，不斷經常在各種稻米比賽上掄元。當地的米價格經常都居通路市場之冠，卻不愁賣不出去，因為池上米早已和「冠軍米」畫成等號。如今人口數 8 千餘人的池上鄉蔚為國內外遊客趨之若鶩的觀光米鄉，帶動外來的青壯人口入住，使得小鄉鎮的文化風景豐富起來，這些實際狀況與印象累積無不是透過重要關係人的帶動。

　　2001 年當我國即將加入 WTO 之前，許多農產品不得再採取種種由政府以保證價格收購的壓力，池上是花東縱谷水稻種植面積最小的鄉鎮，池上建興米廠的梁正賢認為唯有採取自然農法法則，以尊重土壤為基本原則，維護住生態體系的農法，才能在進口米與本產米的紅海間走出一條新路。

　　蕭煥通是第一位接受梁正賢輔導投入試種有機米的農夫，在萬安沖積扇種下第一批符合 MOA（Mokichi Okada cultural services Association）自然農法標準的水稻。經過 4 個月後的收成，食味值

檢測高達 81 分，與日本新瀉米的最佳食味 83 分相去不遠，證實不用農藥、化肥、除草劑也能產出高品質佳米。其後，建興米廠、池上鄉農會、陳協和米廠、錦和米廠、廣興米廠、瑞豐米廠，每家各出資新台幣 3 萬元，集資 18 萬做為行政費用，聯合成立「池上米共同品牌協會」，這是池上「聚焦於當地社區的決策並以多方權益關係者的共識為基礎」的實踐。

在推動改變前，池上米先確立幾項原則，使願意改種有機米的農友們產銷沒有後顧之憂，無論在量價都加價收購，同時，絕不讓農友有任何風險，所有的風險由米廠承擔，並確保農友可以跟進與執行。

池上米站穩第一步之後，社區開始強化文化與生態，加上既有的稻米生產，形塑一座懷著永續使命的里山聚落。

在生態復育上，池上居民賴永松等因為關心池上大坡池這國家級濕地的生態環境，於 2000 年成立池潭源流協進會，集結利害關係人，先繪出願景，繼而方法及關鍵行動並行，以認養大坡池及推展生態與文化環境為任務，致力讓涵養池上土地的大坡池能回復生命力。協會推動的大坡池生態環境整治，在獲得鄉公所允諾，並以公部門經費持續執行，使得協會有餘裕關注其他公共事務。

體認地方的價值所在，維護技術與知識的傳承，人與自然才能和諧共好

近年來臺灣各地有許多農漁山村運用生態資源與傳統知識，力圖成為人與自然和諧里山社區，然而社區落實里山倡議下如

何能長期穩健地走下去，容易遭遇幾個問題，首先，就如前篇所述，社區居民必須具有主動參與動能，而非僅仰賴外部資源與力量；其次，社區需要意識到生物多樣性的重要性，盤查並慎重使用區域內的自然資源。在這之外，需要找到策略讓社區得以有維持足夠的勞動力與技術傳承，既肯定傳統智慧，也賦予新意；並且能投入維持社區經濟的產銷上。

上述這幾個里山里海聚落在在符合《里山倡議》下的五個行動策略：

1. 取用資源時，不超出環境的承載力與恢復力；

2. 循環利用自然資源；

3. 體認地方傳統文化的價值與重要性；

4. 自然資源暨生態系運作的管理，必須開放各種利益關係人參與，促進彼此合作；

5. 鼓勵永續的社會經濟。

里山是一種差異化、獨特化，甚至失去就很難再回復，如何透過機制來彰顯價值。唯有克服相關問題，才可以打造一個可以同時保全生態、社區居民也能提供生產，並擁有具韌性且安全的空間，得以悠然生活其間，且樂於和他人分享社區的生活型態。

PART

3

從商業經營與地方創生角度維護自然永續

3 — 0
友善生產地景，孕育獨特里山社區
連結在地文化，自發性踏上永續之路

當永續發展目標、ESG乃至於淨零目標與生物多樣性成為顯學時，企業必須調整過去以公益角度看待企業社會責任，甚至得要積極找尋可供履踐 ESG 的標的，誠如屏科大教授陳美惠說的：「企業得有更多想像的空間投入參與生態系服務。」

事實上，型型款款的里山社區都是企業很可以著墨的。參與的方式可以從最簡單的直接採買友善耕作農產，支持特定物種保育或復育的專案、協助社區發展以生態系服務為核心的事業。在以稻米聞名的池上，稻農兼顧生態、地景與生產價值之外，已經將社區經營跨到文化領域。如同日本許多鄉鎮農村擁有私人美術館，長年維持營運不墜，池上的穀倉藝術館和生活館也經年有活動。企業可視狀況捐款贊助展覽或演出活動，對於大坡池菊池氏細鯽、南面水域形成獨樹一格的水上森林，數百隻候鳥及水鴨在此棲息等復育工作，目前都是重點工作，企業也可以評估一起投入，公私部門攜手，也是參與生物多樣性復育的一項工作，也呈現 1+1 大於 2 的效益。

雲林華南社區一開始就鎖定擁有自己農產加工品牌，從咖啡包起手，讓企業認購為股東贈品，其中以永豐銀行等企業持續採購的大力支持，讓華南社區穩健跨出每一步，每年 11 月的謝天祭更成了這

些企業家人共襄盛舉的活動，彼此之間不離不棄多年，使得里山社區日趨穩健。

繼臺南官田區取得階段性成功復育凌波仙子一水雉之後，高雄美濃區的野蓮田裡也欣見水雉雀躍其中。在「國際里山倡議夥伴關係網絡（International Partnership for the Satoyama Initiative, IPSI）」官網介紹了這個案例──結合「生態－生產－生活」、由當地利害關係人參與復育以及公私部門攜手的美濃湖水雉復育。此一案例不僅改變了生態，創造了濕地，讓長久是旱地的大灣棲地，如今滿布水草和水生植物，包括保護傘物種的水雉和許多其他物種，如蛙、蛇、龜和淡水魚都在其中。

目前美濃湖水雉復育工作站正在研究如何讓水雉在野蓮池中繁殖，而不會對農民的收益產生負面影響，同時又促進對水雉友善的有機野蓮種植。工作人員還計畫在臺灣各地推動創造水雉友善的繁殖棲息地。正在進行中的是與鄰近的六堆客家文化公園合作開發自己的實驗池塘，希望能將水雉引進來。

一項復育行動牽動的範圍不僅止於生態，還包括生產與文化面向。美濃湖水雉復育工作站已與高雄觀光局合作，研商如何將雉尾水雉轉化為 IP（Intellectual Property，智慧財產），並運用它來行銷對野生動物友善的當地農產品。由美濃愛鄉協進會榮譽理事長劉孝伸和妻子黃淑玫啟動的水雉復育計畫，努力與當地社區協調，多數志工都是當地人，因此所有活動都反映了社區和當地的歷史文化，包括客家紮染活動、客家鳥語班、客家音樂活動等文化活動。

復育區內的活動則包括：種植水生植物以保護水源、舉辦學

當永續列車
駛進
森川里海

PART 3

從商業經營與
地方創生角度
維護自然永續

生環境教育活動、為水雉創造繁殖棲息地、打造客家植物園、賞鳥活動、尋找水生昆蟲、用客家話為鳥取名等活動。2022 年林業保育署更進一步支持當地青少年教育活動。

維護生物多樣性，公私部門共同努力

從美濃湖水雉復育工作站的行動來看，里山是一種自發的實踐，而非束諸高閣的理論；里山無法刻意打造，如果缺乏里山精神，將流於口號；里山更不是懷舊，而是維持生物多樣性，讓現代人「人與自然和諧共生」。在 ESG 和聯合國永續發展目標、2050 淨零目標及 GBF 目標之下，履踐里山倡議社區的未來性頗值得期待。

臺灣里山所擁有的生物多樣性與地景多樣性深具潛力，如創立臺灣生態旅遊協會的「臺灣蕨類教父」郭城孟所說：「臺灣是全世界在最短的距離、最小的範圍，生態環境變異最大的地方，一個生態環境就是一個生態相；臺灣是一座擁有很年輕土地的島嶼，在這個土地上的生物卻是全世界最古老的，有著古老的冰河時期的孑遺生物。」這些就是推動里山倡議的先天優勢條件。

里山倡議的基本前提是重視生物多樣性，聯合國於 2001 到 2005 年間，動員兩千餘位科學家進行評估與審查，認為生態系（ecosystem）所提供的各種「服務」確實攸關人類的福祉。

人類從生態系服務獲得支援的服務、供應的服務、調控的服務、文化的服務，使我們得以有糧食、木材、水資源、藥物、工業原料、燃料等可用；有合宜的氣候、控制洪氾和疾病、淨化水和空氣；並獲得靈性啟發、美感、教育、科學和遊憩等精神層次需求的滿足。

生態系所提供的服務帶給人類包括：安全、健康、美好生活所需

的基本物質、良好的社會關係，以及選擇和行動的自由等五大類。這也是透過里山倡議的實踐，希望增進農村社區的調適能力，促進農林漁牧等農業生產地景和海景的保全活用，達到在地經濟、社會和生態永續性的目標。

屏科大森林系教授陳美惠一方面推動林下經濟，一方面更是要避免里山的自然生態流失與惡化。她肯定的說，臺灣在里山里海的實踐，相較於其他國家毫不遜色。

以國家尺度推動生態保育，擴大持續力

2020 年新冠肺炎疫情肆虐，都市環境的人口密集與頻繁接觸恰恰提供了疫情擴散的溫床，人們被迫封鎖起來，減少接觸。

這一年正好是里山倡議問世 10 周年，也是回顧與前瞻的關鍵年。2011 年提出的愛知目標至 2020 年，正要驗收與盤點維護與保全生物多樣性的成果。過去藉由臺灣里山倡議夥伴關係網絡（Taiwan Partnership for the Satoyama Initiative, TPSI）促使臺灣各地社區與社群的互動合作。在人（社區與社群）的互動面向上已可見成果，但接下來要深化「人與自然和諧共生」的理念與實踐，仍需面對各種不同的課題並提出策略，包含生物多樣性、韌性等主題，以及林下經濟、里海等副主題。

里山倡議能實現「社會－生態－生產地景」中的多個永續發展目標。致力於「根經濟」的陳美惠教授以謹慎的態度輔導許多社區投入林下經濟、混農林業、友善農業與生態旅行等。她表示，這些行動基本上吻合與 17 個永續發展目標的精神，只是會視案例偏重其中幾個目標。在 2019 年所舉辦的「2020 後

當永續列車
駛進
森川里海

PART 3

從商業經營與
地方創生角度
維護自然永續

全球生物多樣性架構的地景取徑主題研討會」就指出，「社會－生態－生產地景」有助於以下永續發展目標的實現，包括：SDG 1 消除貧窮；SDG 2 消除飢餓；SDG 3 良好健康與福祉；SDG 6 潔淨水與衛生；SDG 8 尊嚴就業與經濟發展；SDG 11 永續城市和社區；SDG 12 負責任的消費與生產；SDG 13 氣候行動；SDG 14 水下生命；SDG 15 陸域生態和 SDG 17 夥伴關係。

在《昆明－蒙特婁生物多樣性框架（GBF）》下，臺灣里山倡議也有了轉型策略及願景。臺灣的國土生態綠網是全球少見在國家尺度的計畫下推動里山倡議，在中央層級的政策與計畫支持下，國家尺度的 TPSI 將可發揮更大影響力及持續力，藉由國土生態綠網，在 GBF 架構下涵養、保全臺灣的生物多樣性，並促進國土「森川里海」的連結性和互惠關係。

臺灣的里山聚落，可為達永續目標合作對象

以往，臺灣的里山發展過程中，礙於土地所有權的複雜性，較多關注在生態生產面向——友善生產地景，以及對關鍵物種的保育上。透過林業及自然保育署與慈心大地合作推動綠色保育標章，從貢寮食蟹獴和禾米、苗栗通宵田鱉米、紫青斑蝶芒果青、官田水雉菱角鳥、埔里美人腿白魚、臺灣藍鵲茶、以及苗栗石虎米等指標性動物的保育，也維護多種類型的生態棲地，實證當地這些社區採取友善生產的地景，並孕育成獨具特色的里山。

由 2010 年生物多樣性公約《愛知目標》衍生而來的里山倡議，旨在替生物多樣性匯聚各種社會實踐力量，再 2020 年《昆明－蒙特婁全球生物多樣性框架》中，仍然可以作為保存生物多樣性的重要方略。

”到 2030 年，里山倡議與社會－生態－生產地景取徑對於實踐全球生物多樣性框架 GBF 目標，將發揮關鍵作用。”

　　到 2030 年，里山倡議與社會－生態－生產地景取徑對於實踐全球生物多樣性框架 GBF 目標，將發揮關鍵作用。如何在動植物的棲地與人為的生產和聚落的重疊中，強化社區與聚落的韌性，透過將人文面向結合到生物多樣性保育中，並且在資源過度使用和使用不足之間取得平衡以永續利用「社會－生態－生產」地景資源。履踐全球共識所提出各式各樣實現 2050 年願景的解決方案和途徑，包括：生態系復育、生態防減災、以自然為本的解決方案、一體健康（人類健康、生態系健康和動物健康）」以及地景取徑等。

　　臺灣不乏由民間自發，透過利害關係人發動投入的里山聚落，他們的發展路徑未必如同「日本的里山」，而是自主地順勢地長出臺灣在地化風貌的里山，或在公部門支持陪伴下逐步壯大，也有完全靠聚落社區本身的力量奠下體質良好的里山基礎，都將足以成為在尋找 ESG 目標與永續發展目標的企業的潛在合作對象。

當永續列車
駛進
森川里海

PART 3

從商業經營與
地方創生角度
維護自然永續

米廠的遠見，
開創稻米生產黃金海

建興米廠攜手池上社區夥伴走向高值有機生產
黃金稻穗成為舞台，企業支持帶動觀光與就業

　　從飛機上俯瞰即將抵達的臺東，一畦畦綠絨絨的稻田，一棟棟小火柴盒般的白屋黑瓦，其中間或穿插了幾座灰網的溫室，還有如鏡面般的休耕水田，綠、白、灰的主色調間，在低垂的天際線舒展開來，不見過度混雜的線條與顏色，池上這稻米之鄉的空間與空氣讓人呼息不再急促，而是變慢變深變長了。

　　池上秋收稻穗藝術節於每年十月的第三個禮拜六、日舉辦，堪稱東臺灣最熱門的藝術節，讓許多人坐等在電腦前，眼巴巴盯著螢幕看著臺鐵車票開賣，甚至更有觀眾從國外專程趕回臺灣，為的是要在綠浪滔滔的稻田間觀賞這齣全球獨一無二的演出，這片被雲門舞集創辦人林懷民稱之為「搖起來非常 SEXY 的稻浪」是池上在地重要關係人們共擔所形塑出來的。

　　做為「頂級稻米之鄉」的池上非常特別，天時地利，從山上流下

來的水質尤其佳，氣候也獨一無二，日夜溫差極巨，日間太陽夠大，夜間夠冷，讓作物長得非常好，等於是老天爺賞飯吃。

順天應時，還要有新的農耕概念與科學做法。

這裡有許多透過詳實紀錄、相互傳承有機種稻經驗的「科學種稻」農夫，書寫了務農也可以是一種風尚的紀錄，種稻也可以種得衣食無缺、抬頭挺胸。

池上種稻，碾米廠有好幾家，接下碾米廠生意的建興米廠第三代東家的梁正賢，可說是池上有機米的推手。當年，從大同工學院機械系畢業返回池上後，發現當地農民種稻技術高超，在花東縱谷的比賽不時都拿下前三名，只是缺乏傳承，梁正賢認為這樣未免太可惜。

邁向有機，取得池上米認證標章

2000 年，梁正賢號召的建興米廠契作農夫已轉型有機耕種數年，他想要讓池上米更有差異化，加上我國即將加入 WTO 的壓力，遂赴日本的有機發源地——熱海當地的農場參觀，順道向日本 MOA 自然農法取經。這趟行程中參觀了當地果菜拍賣市場，梁正賢特別留意有機區塊的陳列，發現箱子上面都貼著農民的照片、姓名、電話，也就是所謂的「生產履歷」，梁正賢想說，人家加入 WTO 也沒聽說農民怎麼了，可能跟這個有關。

| 綠網資訊 |
池上鄉北邊接秀姑巒溪溪流保育軸帶，南邊位在卑南溪溪流保育軸帶，池上稻田正好成為兩個保育軸帶之間的連結。萬安社區位於池上鄉南邊，位在卑南溪溪流保育軸帶內。

" 藝術季成為導引企業參與的平台，在企業支持下，讓稻穗地景結合國際級演出變成池上友善耕作的最佳看板。"

　　自日本考察後，梁正賢把想挑戰的事向萬安社區農民分享，「我們來做兩件事，一是池上米的證明標章，一個是有機村。」他出面協調六家米廠參加證明標章，成立池上米共同品牌協會，到了 2002 年 6 月，90％的萬安農民都種有機米。拿到標章過程雖有點顛簸，2005 年 9 月 24 日終於取得池上鄉公所發的「池上米　認證標章」。

　　梁正賢要有機稻農來上課，以精進農民知識技術，首創農民自費上教育訓練課程、記筆記，還要做栽種紀錄，如果不會寫，他會找人協助。農夫們在潛移默化中，體認到有機種植已變成環境議題，不再只是種有機米單一件事而已。迄今，池上鄉其餘稻農受到影響，加入有機種植行列日漸成長；目前，取得水稻有機驗證面積已達 136.47 公頃，質量並重的池上米讓當地農夫富裕起來，連帶也提升了下一代參與的意願，像梁正賢的孩子全都留在池上與他一起打拚。

　　著手推池上米證明標章，梁正賢一開始便採取品質計價方式，農民要做紀錄、上 3 天 18 個小時的專業課程，最後一堂課還要考試，才跟農夫契作。起初，農民都不信，結果真照他說的價格契作，農民開始覺得有好處，「我怎麼沒參加？」

　　池上是地理標誌，標章的目的就規範了唯有池上農民種的才是池上米，如果外地米讓池上碾米廠加工也拿不到標章，著眼於要變成一種限量商品。梁正賢創立的多力米品牌每年都辦兩次比賽，比賽目的是為了收集資料找出樣品，而辦完比賽的前三名便是有效樣本，

如此累積了二十幾年。

從種植紀錄得知，收割時間是品質保證

而申請池上米標章，也是要看農民的紀錄，證明是在哪裡種的。尤其得過冠軍米的農夫種植方法紀錄要更詳細，再分享給所有的農民。池上有機稻農講究種植方法與種植收割的時間，據說多力米契作班班長講了一句名言：「你不要問我何時播種，要問我何時收割！」何時割就是收成品質的保證，以不同品種所需成長的時間往前推算，就是播種插秧的時序。

對 99％ 都種水稻的池上，米是唯一的經濟作物，從 2005 年到今天，無論外界穀價如何，科學種稻法讓池上米價格穩定成長，每年米都不夠賣。

但人還是有遠慮的，臺灣米食消費量銳減，池上米也不能偏安一隅，作為地方產業的重要關係人，梁正賢必須提早因應，也因此開始致力於發展米食料理以及加工品。

2002 年，因為乾旱，池上首度休耕，梁正賢開始思考萬一真的缺水，池上有機稻作該如何因應？轉機總是隨著危機而來，有機的下一步也許是如何找尋更能適應氣候變遷的米種，必須好吃度不減，但更能適應無法預測的氣候變化。

當永續列車
駛進
森川里海

PART 3

從商業經營與
地方創生角度
維護自然永續

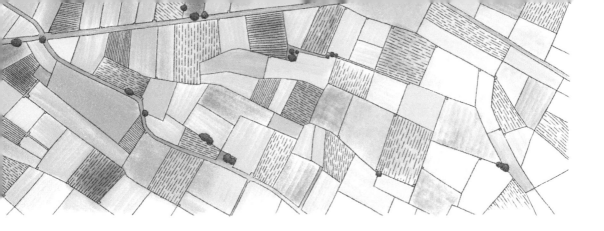

　　此外，過去三十年，池上人口流失了四分之一，梁正賢、池上書店曹菊苹、池畔驛站賴永松等地方人士，與台灣好基金會討論將生產地景結合農村文化和藝術提升發展觀光的可能性。藝術季成為導引企業參與的平臺，在企業支持下，讓稻穗地景結合國際級演出變成池上友善耕作的最佳看板。

　　台灣好基金會由池上在地企業家普訊創投董事長柯文昌創立，旨在整合地方組織及人才，協助社區產業及生態資源永續發展。2010年起基金會就開始參與池上的永續發展，發展出結合池上傳統農家作息的「四季活動」，推動食農教育。2014年起串連當地出身的企業家，推動池上藝術村。

　　透過舉辦藝術饗宴，先後在池上秋穗藝術節邀請雲門舞集、優人神鼓等表演團體於伯朗大道旁一望無際的稻田上，以金黃的稻穗為舞臺，獻演給 3,000 觀眾，在在帶動觀光人潮，讓這座原來默默無名的東臺灣小鄉鎮聲名遠播，雲門舞集的池上演出照片更登上《紐約時報》藝文版。而 2017 年梁正賢更捐了自家閒置倉庫，在基金會支持下規畫為穀倉藝術館與生活館，吸引藝術家駐村，年輕人駐進池上開店工作，平日鎮上也都見觀光客身影。從社區稻米生產啟動的永續轉型，讓池上成為以生產地景延伸出多元產業的里山鄉鎮。

觀念改變 → 行動實踐

池上種稻 ⓋⓈ 永續發展目標與生物多樣性

SDG 2
消除飢餓
∞科學種稻提升產量
∞池上米價格穩定，每年仍供不應求
∞發展米食料理及加工品

SDG 4
優質教育
∞有機稻農上課，精進知識技術

SDG 11
永續城市與社區
∞農夫下一代願意留下來
∞舉辦藝術節帶動小鎮觀光

SDG 12
負責任的消費與生產
∞有機種植面積 136.47 公頃
∞推動池上米認證標章

SDG 15
陸域生命
∞推動大波池濕地生態盤查與復育
∞有機耕作永續使用土地

GBF 10
永續生產系統
∞推動有機農業，90% 萬安農民取得標章

GBF 15
企業責任
∞企業支持池上稻米生產，推動文化藝術活動提升永續消費

GBF 16
責任消費
∞透過文化藝術活動傳遞友善生產及在地消費

GBF 21
資訊流通
∞在地農夫透過科學監測與紀錄，以及自費訓練課程提升社區整體產能

GBF 22
原住民與在地社區參與決策
∞高值轉型及推展藝術活動由萬安社區農民與在地組織共同參與

當永續列車
駛進
森川里海

PART 3

從商業經營與
地方創生角度
維護自然永續

114

返鄉青年永續旅宿夢，創業同時傳遞生態理念

正好友生態環保旅店扮演小島生態說書人 埋下每個旅客心中守護小琉球的種籽

　　國境之南的小琉球，面積才約 6.8 平方公里，12 公里的環島公路，機車騎著兜風半小時即可繞完。全年旅遊人次在 2017 年突破百萬，直到 2020 年 COVID-19 爆發後才下跌，是全臺離島遊客密度最高的島嶼，觀光客數僅略次於面積大 18 倍的澎湖。

　　這個在近年 7 月假日觀光客爆量到單日萬人的小島，在二、三十年前，也曾創造過一波觀光熱潮，當時火熱的重點卻不是海龜，而是潮間帶的生態導覽行程，卻在過度擷取、消費海洋資源後，遊客遠離，小島經濟蕭條落寞。

　　直到 2014 年後，在岸邊、礁石上，不用下水就可近距離觀看「海龜」明星浮上海面換氣的身影，為小琉球帶來久違的大量觀光客，這座距離本島最近的離島，成為全臺灣唯一能夠欣賞綠蠵龜的「搖滾區」，只要浮潛就可以跟海龜近身共游，號稱在小琉球潛水沒看

到海龜比看到海龜更難。

特有的「海龜共游」讓小琉球暑假 7 月旺季的遊客人次從 2006 年的 23,000 多人，2018 年躍升到 137,000 多人。觀光與經濟從谷底翻身，緣自於政府與民間一起為小琉球的海洋付出，保育小琉球地區的漁業資源、生態棲地及綠蠵龜。

2013 年 1 月 1 日起屏東縣政府正式實施「琉球距岸三浬海域禁止使用各類刺網作業，並禁止攜帶各類刺網具進出琉球各漁港」的措施，當地民眾與琉球區漁會主動發起於琉球海域禁止使用刺網，這在漁業資源保育工作中，是前所未見的。小琉球成為全世界海龜密度最高的地方，全世界海龜僅有的 7 個品種中，5 種就可以在臺灣看見，數量又以小琉球周邊最多，小琉球成為海龜密度最高的島嶼，海龜也成為小琉球明星物種。

在島上更有著許多不同領域的人默默為環境努力、齊手改變小琉球的海洋環境。他們將小琉球定位為低碳、無塑旅遊的示範點，並減少海龜因誤食塑膠垃圾死亡的事件，海洋環境變好後綠蠵龜更容易靠岸覓食，現今也才有數量多、離岸近的海龜。

當永續列車
駛進
森川里海

———

PART 3

———

從商業經營與
地方創生角度
維護自然永續

| 綠網資訊 |
小琉球雖然未劃入特定的保育軸帶，但交通部觀光局與屏東縣政府陸續於 2006 年公告琉球風景特定區對綠蠵龜、椰子蟹、特定螺類、硨磲貝、各類珊瑚、藍指海星、馬糞海膽、梅氏長海膽、黑刺星海參、海葵蝦、馬氏海錢規範禁止捕獵、宰殺、採摘、砍伐、破壞或攜出。2015 年小琉球 5 處潮間帶公告劃定為屏東縣琉球鄉自然人文生態景觀區。2021 年進一步劃設琉球水產動植物繁殖保育區，設定保育海域及物種。

海龜召喚著遊子歸來

海龜，海歸，出生於小琉球的蔡正男，如同小琉球眾多學子般，國中畢業後就離鄉異地求學就業，直到 15 年前，為讓女兒認識故鄉、有更好的生活環境，毅然全家回鄉，開始紀錄小琉球潮間帶的生態、投入海龜調查與保育、管理，加入海洋志工隊清除水下廢網、調查小琉球陸蟹及校園分享等，自喻為「海洋守護者」從自身做起，以「海歸、海龜、海規」為環境教育的理念，為故鄉盡一份心力。

他創立「正好友生態環保旅店」，抱著民宿可以不只是民宿，可以成為小島生態環境資訊的說書人，讓來訪旅客建立友善生態的正確概念外，也把旅店做為媒介與據點，全力投入綠蠵龜保育，讓生態保育的觀念與行動在島上發酵，成為全島共識。相信只要自己的環保民宿生意變好了，自然會有人仿效，不就等同告訴別人怎麼做？也就是發揮實質的影響力，真正落實環境教育、改變環境。

返鄉回到小琉球多年，蔡正男發展以生態旅遊為主的模式，與當地夥伴一起投入小琉球的環境行動，他不僅被封為「海龜防衛隊長」，獲得「第七屆國家環境教育獎」個人組特優，旅店也取得環保署銀級環保標章認證、屏東十大民宿、大鵬灣好龜宿、臺灣百大好客民宿等等肯定。

獲得多項殊榮的蔡正男，仍不斷思考著近年很夯的話題──永續、地方創生，那麼經營一間民宿要永續、要和當地更有聯結該如何實際作為呢？

推動「永續旅宿」，趣味中傳遞生態理念

　　蔡正男推動「永續旅宿」，作為旅客到異地觀光旅遊起點的旅宿業，秉持永續的玩可以從有意識地選擇有意思的旅店開始！「正好友生態環保旅店」除了在民宿設計與用品等落實生態環保理念外，也知道人們旅行是為了放鬆，自然不宜用說教方式對遊客強調環保責任，他著重於如何在有趣、親切的互動過程中傳遞更多資訊，協助旅客在旅程中改變自己的行為，從選擇旅店開始做不同選擇，完成一趟負責任的旅行。

　　眾力齊聚下，小琉球海域阻礙變少了，海龜與岸邊的距離越來越近，為讓產卵的母龜順利上岸，或透過野放海龜，蔡正男串連在地學校進行環境教育課程，號召當地協會、學校與夥伴一起淨灘清除漂流木，不僅為海龜清出一條安全回家的路，也希望島上的孩子們，在野放行動中看見家鄉，在心中留下一條回到家鄉的路，也在參與中保留對土地的記憶，畢竟「有海才有島，有島才有人」，自然資源是小琉球的金雞母，慎微守護自是必要。

當永續列車
駛進
森川里海

PART 3

從商業經營與
地方創生角度
維護自然永續

" 民宿的設計與用品等落實生態環保理念外，正好友生態環保旅店協助旅客在旅程中改變自己的行為，完成一趟負責任的旅行。 "

正好友也在迎王祭遶境活動中推廣轎班使用環保餐具用餐，供應小琉球水仙宮不鏽鋼碗與餐具，減少一次性廢棄物，透過傳統祭儀向大眾推廣「環保納福；垃圾驅逐」的環保觀念。

蔡正男更不時帶著大包小包由真實魚類標本翻模製成的模型，走入在地校園與學生們分享海龜，和大人、小孩大談永續，他要帶領海島上的孩子看見海、認識島，一起成為這片海上的人。

喜愛蒐集生物模型的蔡正男，將旅店的空間布置成這些生物模型的舞臺，海膽、陸蟹、漁村文化和最熱門的海龜分據不同的角落，展呈海裡不易見到的生態系。民宿就是一個生態教室，入住的旅客可在模型輔助中認識生態，輕鬆來趟環境教育之旅。

蔡正男透露，正好友有許多限定版的生物模型外，最近還蒐羅了

兩隻堪稱稀世珍寶的魚類模型——龍王鯛跟隆頭鸚哥魚，牠們是臺灣僅存兩種的二級保育類珊瑚礁魚種，在臺灣只剩不到「30隻」，要在臺灣海域看到這兩種大型珊瑚礁魚類，比見到海龜難上數倍。如今，在正好友可一圓無法在海裡親睹牠們長相的遺憾。

紀錄文化發現森川里海的連結

除了生態，蔡正男同時調查與紀錄著小琉球的文化，連結海洋、陸地、文化等面向，即所謂「森、川、里、海」的連結。在調查中，他發現早期的祖先、長輩們其實都知道陸地到海洋是一條線的，有連結關係的，保護好陸地、山，即是益於海洋。

大疫三年，小琉球遊客銳減，蔡正男反把疫情和病毒的概念，轉換成另一個環境教育的思考方向，若有一種善的病毒，具備像新冠病毒一樣的影響力，傳染迅速、範圍廣大，就能在推廣環境教育或海洋保育上，形成較大的影響力。每天看疫情指揮中心，報告著病毒途徑，蔡正男心念一動就設計起好病毒傳染途徑示意圖，在兩次野放海龜的過程，把很多想法和知識傳遞給個人，從不覺被「傳染」的個人再傳向親友圈，善用病毒傳染模式推動環境教育。

他也不再只關注海洋，想著如何以海龜的人氣，讓人們了解整個環境裡，包括人們住的地方、開發的地方、在陸地上所做的事，都會影響到海洋。積極連結地方創生環保面向，設計走讀專案，從水仙宮前為何有海龜？小琉球菜市場的販售種類到飲食文化，一一述說著在地的文化、文化裡包藏的海洋保育觀念。

當永續列車
駛進
森川里海

PART 3

從商業經營與
地方創生角度
維護自然永續

蔡正男說，他只想以不同的角度多方面的引導，讓很多人在旅行放鬆的過程中，慢慢進入到海洋，或發現環境保育的方向，在很多很多的認同與感動、參與中，啟發種種保護海洋環境的作為，讓小島的故事永不停歇。

企業參與

正好友旅店與小琉球

觀念改變 → 行動實踐

小琉球 ⓋⓈ 永續發展目標與生物多樣性

SDG 12
負責任的消費與生產

∞推動生態旅遊與永續旅宿
∞遊境活動中推廣使用環保餐具

SDG 13
氣候行動

∞善用病毒傳染模式推動環境教育

SDG 14
水下生命

∞距岸三浬海域禁止使用刺網作業
∞淨灘活動維護海洋環境

GBF 2
生態復育與連結

∞挽回過度消耗的海洋生態，復育劣化潮間帶與海洋生態

GBF 4
受脅物種管理行動

∞保護瀕危動物綠蠵龜及保全棲地

GBF 7
污染與水質管理

∞推動環保旅宿，減少海洋塑膠污染

GBF 15
企業責任

∞以保護生物多樣性之核心精神進行企業經營

GBF 16
責任消費

∞提供生態保育教育與環保方案

農夫學生共創社區產業，
吸引企業另類綠色採購

華南國小復育石梯田救校也救鄉，
從生態教育與食農教育帶動地方創生

　　華南社區坐落於以咖啡著名的古坑鄉，是雲林縣的最南端，介於 100 到 400 公尺的中低海拔公尺間，全村十鄰散布稀落，其間生長著各種淺山聚落的動植物，約百餘人的居民則多係高齡長者。這是一個人口老化、青壯外移的「限界集落」社區，改變契機從一所只剩下 23 位學生，可能會被裁併的小學開始。

　　改變的觸媒是小學生們的惻隱之心，他們常看到村裡阿公阿嬤生病還要走 1 小時山路去等公車；要不然得湊 4 人一起，花個五、六百元叫計程車下山就醫；因而這些兒女多數在外地的老人家，寧可忍病不看醫生，小孩們看了都不忍心。

| 綠網資訊 |

華南社區位在國土路網斗六丘陵淺山農地保育軸帶南側邊界。這裡主要要推動推動友善生產與棲地串聯，保存低至中海拔森林與溪流生態系，並維持諸羅樹蛙與八色鳥的重要棲地。

當永續列車
駛進
森川里海

PART 3

從商業經營與
地方創生角度
維護自然永續

時任華南實驗國小校長陳清圳投書媒體引起健保局注意，讓社區醫療站有了眉目。這也讓整座華南社區動起來，小學生透過課程實踐，直接參與社區最前線的工作，自己畫圖、自己銷售商品、自己種田等等，都與社區連結，確實幫到阿公阿嬤，最重要的是學校不必被裁撤，還吸引了更多同學跨區來就讀！

石梯田復育，還有在地媽媽的人生七味餐

社區中的石梯田曾沿階種滿蒼蒼鬱鬱的茶樹，一度被食品廠商相中作為廣告片的拍攝現場，卻在歷經社區的少壯出走的洪流下，廢耕成雜草叢生的荒地。華南實驗國小團隊力挽狂瀾將鄰近學校的石梯田復育，成就 1 公頃的社區共生田，也是學校與社區舉辦生態祭典與食農教育的大會場。

為了凝聚社區婦女，用在地食材為根柢，以料理為媒介，讓社區居民走出家宅，有了這座阿嬤ㄟ灶腳，在煮食與共食間，拉近人與人的關係。從在地媽媽各自的人生故事加上家中農產事業，設計出七道屬於山村地方風味料理。這套風味餐並非社區盈利項目，初版的風味餐聚集了媽媽們的生命故事激盪出酸、甜、苦、辣、鹹、鮮、澀七種不同味道的料理；志工媽媽們早已把熟門熟路的華南乃至於雲林物產，做成酸甜苦辣鹹鮮澀並富含人情味的人生七味餐，釀造成華南社區小旅行的招牌行程之一。

受到華南國小辦學感動而從臺北南漂，孩子畢業離開後，索性加入華南社區發展協會擔任督導的賴雅玫到處張羅資源，社區發展協會的團隊在第二版人生七味餐更透過農村再生計畫，邀請臺北欣葉集團傳藝廚房主廚進入社區，採用雲林各地優質食材，設計出符合

出餐效率的新版食譜，教社區媽媽們煮出臺菜新滋味。

到第三版更一口氣邀請四位生態廚師，主廚們透過每種雲林當地的物產，以這些物產演繹出 3.0 版的「里山里海人生七味餐」，和媽媽總舖師們切磋出一道道傳遞華南社區與雲林縣物產的精緻料理，原來僻處山間的華南社區也能有五星級的五感饗宴。

以社區股東帶動個人參與，支持社區六級產業

早在「地方創生」遍地開花之先，華南社區發展協會團隊就透過特色活動，保留在地生活文化並開發以古坑物產為元素的社區產品，因應客製化的需求，透由包裝以及社區遊程的設計，承接都會企業或機構的專案，讓社區產業從生產到服務設計再到銷售，串聯一、二、三級產業。

「社區股東」，則是華南社區的一種邀請，讓更多人來參與地方的發展，也把地方產業發展當作是一可持續成長的有機體；

當永續列車
駛進
森川里海

PART 3

從商業經營與
地方創生角度
維護自然永續

124

透過服務設計，規劃產地小旅行行程，邀請股東們與旅人們親至產地，體驗經濟實際消費行動支持地方社區，城鄉共好。藉「行、食、住、遊、憶」每個環節環環相扣，加深旅人對地方的連結，使他人有機會成為「自己人」。華南國小現任校長陳啟政和學校教職員團隊持續導入各種食農課程，並與社區合作將共生田打造成為友善耕作的示範場域。社區發展協會透過導覽帶動消費，更將效益極大化地，延伸銷售雲林多位有機稻農的 18 餘噸白米，構成一個雙贏機制，社區並與稻農分潤，再將盈餘部分提撥社區醫療中心營運。

在社區內的主力農產品外，華南既處於咖啡鄉的古坑，也將咖啡納為產業要項之一，邀請專業咖啡師合作開發幾款結合古坑豆的特調咖啡。並採用華南實驗國小學生的畫作用於包裝設計上，從專攻企業股東贈品訂單起步，因物美價廉，打開逾萬人次曝光的產品，持續向在地多位咖啡小農購買超過 60 萬元的生豆。

由於主攻企業客戶，單筆訂單可能就達百萬，社區團隊透過品牌行銷、群眾募資（社區股東）與企業年節禮盒開發銷售通路。經 3

" 社區股東，則是華南社區的一種邀請，讓更多人來參與地方的發展，也把地方的產業發展當作是一可持續成長的有機體。 "

年餘的營運，產品線穩定營業額超過千萬，企業客戶如上市公司華孚科技、豐達科技等，永豐銀行、富喬工業等更是連年持續支持購買，也讓社區在推動石梯田復育行動等計畫時更無後顧之憂。這讓華南社區的生產走向社區支持型農業（Community Supported Agriculture，簡稱 CSA），讓消費者與生產者、土地連結更為緊密，且在計畫補助人力之外，單靠產業盈餘協會已能聘僱 3 位固定人力，顯見這套商業模式業已能自給自足支撐社區的永續人力。

過去，淺山環境因人為過度拓殖、長期施作農藥化肥、濫砍濫伐林木，致使境內生物的生存曾飽受威脅。近 10 年，華南社區與大華山地區聯袂於每年春分、穀雨、立冬等三個節氣舉辦惜山、告天、謝天祭典，期許藉由祭祀儀式向村民推動「不干擾、不破壞、不噴藥」的友善環境耕作理念。

長期推動生態祭典，傳遞永續山林價值

當永續列車
駛進
森川里海

PART 3

從商業經營與
地方創生角度
維護自然永續

在村民的認同下，10 年來，自發地保護番尾坑溪和中港溪上游，生物相呈豐富的多樣性，位於食物鏈上層的大型鳥類——林鵰已常駐社區。大赤鼯鼠家族也搬到學校為鳥類建置的巢箱安家落戶。2021 年，華南國小更引進特有生物研究保育中心

（已改名為生物多樣性研究所）的兩位老師來調查社區的物種，並推薦「iNaturalist 愛自然」APP 給社區。第二年再邀請荒野保護協會的專業老師來帶全員動起來，目前已調查到的物種多達 903 種，更有臺灣特有亞種的領角鴞、鼬獾、藍腹鷳、朱鸝、穿山甲、食蟹獴、龜殼花、青竹絲、拉氏清溪蟹、臺灣南海溪蟹以及日益罕見的岩生秋海棠、覆葉馬尾杉等都見諸於社區內，生態之豐沛讓居民與師生讚嘆。

在活生生的多樣環境教材中，華南社區重新恢復過去長輩上學的打石步道，並建造成自然步道公園；團隊自主培訓解說導覽員，學校和社區已有多人取得教育部「環境教育認證人員」，更專業的解說與遊程規劃，讓在地學生與旅客跟隨解說員的故事與腳步，打開五感體驗，準確地傳述出地方的豐盛。

而長期推動的生態祭典，以人本設計概念安排遊程的每個環節，深得企業的青睞。這一生態祭典進行超過十年，允為社區的特色之一，永續山林的價值不斷被傳遞，成為外界與在地學校校友對社區理念及價值的認同平臺。

透過這些鏈結，華南期許社區自身扮演橋梁的角色，經由物產，串接起土地與人的黏度，搭建起農村與都市的通道，而創新的黎檬產業更引薦了青年的返鄉路。更邀請訪客用心體驗觀賞古坑淺山村落流線型的每個轉彎處，讓華南社區的生活成為每位旅人的風景。

這已經是一座透過教育、醫療、農業、建築、飲食、文化創意、地方產業、職人品牌，打造成跨區就讀、人口回流、老中青少全員動起來、生態平衡充滿創造力與開放性的里山聚落。

華南社區 ⓥⓢ 永續發展目標與生物多樣性

SDG 1
消除貧窮
∞從生產到服務設計到銷售，形成一、二、三級產業

SDG 2
消除飢餓
∞復耕梯田

SDG 3
良好健康與福祉
∞社區導覽帶動消費，盈餘提播社區醫療中心

SDG 4
優質教育
∞學校導入各種食農課程
∞學校與社區打造友善耕作示範場域

SDG 6
潔淨水與衛生
∞保護番尾坑溪、中港溪上游生態

SDG 8
尊嚴就業與經濟發展
∞規劃產地小旅行帶動社區產業
∞行銷咖啡產品支撐社區永續人力

SDG 11
永續城市與社區
∞學校、社區與農民積極參與社區公眾事務

SDG 12
負責任的消費與生產
∞舉辦惜山、告天、謝天祭典，推動友善環境耕作

SDG 15
陸域生命
∞維護生物多樣性，經調查多達903種

GBF 10
永續生產系統
∞復育石梯田，奉行不干擾、不破壞、不噴藥

GBF 15
企業責任
∞推動企業與團體採購

GBF 16
責任消費
∞以社區股東形式參與永續的消費選擇

GBF 22
原住民與在地社區參與決策
∞由學校、居民共同運作共生田為友善生產教育場域，並將獲益回饋社區醫療中心

當永續列車
駛進
森川里海

PART 3

從商業經營與
地方創生角度
維護自然永續

讓牡丹成為品牌
牡丹鄉公所用生態
帶動地方創生

高士部落林下養蜂養菇又養雞
企業幫忙行銷推廣，支持里山根經濟

好山好水吸引人們旅遊休憩，但在 2020 年新冠肺炎席捲全球後，徹底被改寫，在屏東原鄉的牡丹高士部落也躲不過這個風暴。近二十年來積極推動社區生態旅遊的屏東科技大學森林系教授陳美惠，與她的團隊透過長期的在地陪伴與輔導，協助屏東當地部落所建立的生態旅遊和社區林業的經營模式，一夕之間因人們的行動自由被阻絕，嚴峻考驗撲面而來，總在思索永續的陳美惠認為一個社區部落不能全靠觀光旅遊產業，必須要有一級產業為基礎才踏實。

2015 年，牡丹鄉公所定下以生態旅遊作為全鄉的前哨產業，盤點當地的旅遊資源，包括境內六村的四個生態旅遊景點，從旭海溫泉、琅嶠卑南古道、高士神社、東源國家重要濕地的水上草原到野薑花季等知名景點與季節勝景，地處偏遠的牡丹鄉因而一躍為恆春半島的旅遊夯點。

觀光把人吸引進牡丹鄉，但要讓當地的重要關係人能夠安身立命，僅靠觀光旅遊遠遠不足。必須思索如何深化產業，讓這座原鄉部落具有永續產業，更加有競爭力，能提供返鄉和留鄉青年安身立命的基石，不怕一個天災人禍就戮斷了社區基業。

　　因此在原有的社區林業、生態旅遊上，還要尋求更多樣的產業，在 2019 年疫情爆發當年，陳美惠正著手協助牡丹鄉公所研擬地方創生計畫。當時，陳美惠看著森林覆蓋面積超過九成的牡丹鄉，又有水庫，鄉內肩負涵養水源的任務，正好可以彰顯牡丹鄉獨到的優勢。

以林下經濟為地方創生主軸，發展混林農業

　　牡丹鄉林野間遍植造林樹的桃花心木與山蘇等農林作物，加上大片的森林，密布的林木更適合發展林下經濟，便是結合森林療癒的混林農業社區。牡丹鄉公所以林下經濟為地方創生主軸，在屏科大社區林業中心輔導和協助下，展開林下養蜂、段木香菇栽培、山林畜牧養雞等三項農牧事業項目。更獲得林業保育署和國科會支持，成為首批核定為地方創生計畫的鄉鎮。

　　藉一級農牧業奠定社區產業的基礎，看似反其道而行，但擁有畜產專業知識的陳美惠認為養蜂、養雞和種香菇等產業，都需要扎實的技術門檻，如何讓社區夥伴技術扎根，像是練好蹲

當永續列車
駛進
森川里海

PART 3

從商業經營與
地方創生角度
維護自然永續

| 綠網資訊 |

牡丹鄉全鄉有大半範圍為國有林與自然保留區，而且有多處為生物多樣性熱區。土地使用需高度審視對生物多樣性的影響。這裡屬於國土綠網南三分區，目標需保存森林與溪流豐富的生物多樣性，減少陸蟹的路殺。移除入侵種銀合歡，進行生態造林以恢復熱帶季風林。

馬步的功夫，產業才能深化。牡丹鄉高士部落的森林裡有著黃荊（埔姜）能採收深紫色絲絨般的埔姜蜜，羅氏鹽膚木則能採收花粉，可說是天然的林下養蜂勝地。

養蜂需要很多技術和知識基礎，別以為把幾十箱蜂箱放在森林裡就能坐等蜜蜂採蜜收成，養蜂人必須知道森林裡何時有哪些蜜？何

處可採？蜜蜂如何管裡？還得對付專門來吃蜜蜂幼蟲的虎頭蜂。

在市場上森林蜜價值更高，養蜂可以形成一條蜂蜜、花粉、蜂王乳、蜂蠟的多元產品鏈，發展出更多可能性。不過，養蜂知識在臺灣還未形成一套累積專業知識的教學手冊，個別養蜂人身懷技術，卻很難傳承。森林養蜂又與逐水草而採的養蜂不一樣；屏科大遂開設林下養蜂訓練班，傳授經科學化、專業化的森林養蜂知識與技能，使社區養蜂人能儘快上手，早日有收益。

過去段木香菇曾是牡丹的產業金雞母。部落人擅長藉林地的天然資源，種出優質的段木香菇。不過因低價競爭及段木源不足等原因，段木香菇產業因而蕭條沒落。

屏科大盤點部落段木香菇產業的問題與機會點，與部落合作成立全國第一個社區型段木香菇菌種中心，重拾昔日段木香菇的盛況。屏科大並協助建置的段木菇棚，以當地既有的青剛櫟、相思樹、白匏子、杜英等木就地取材，再度冒出朵朵氣味濃郁的天然段木香菇。

遊客採摘鮮滋味，新奇又有趣

當永續列車
駛進
森川里海

————

PART 3

————

從商業經營與
地方創生角度
維護自然永續

而高士部落林下養蜂，不僅有一級產業，還可以一兼兩顧，結合生態旅遊設計體驗 DIY 課程；而栽培段木香菇，也是體驗林下採菇，再到部落餐桌上品嘗鮮採香菇的料理；此一生態旅遊的規劃正是一種負責任的旅遊，既顧及環境保育，也維護了地方住民的福利。

”農業與林業結合的混林農業，加上畜產業，這種林下經濟模式兼顧生態與生產，重要關係人也能安居其中，履踐里山倡議的「生態、生產、生活，三生合一」以及「里山根經濟」核心價值。”
—

從生態旅遊走到林下經濟的家庭農場，陳美惠認為現代的農業生產容易過於集約和單一化，不利於土地和生態的永續。她提出農業與林業結合的混林農業，加上畜產業，這種林下經濟模式兼顧了生態與生產，重要關係人也能安居其中，履踐里山倡議的「生態、生產、生活，三生合一」以及「里山根經濟」核心價值。

檢視牡丹高士部落的林下經濟符合聯合國的永續發展哪幾個目標，陳美惠充滿驕傲地說：「我們幾乎都符合！」以林下經濟或家庭農園來說，很多婦女都可以參與，因為很多民族植物，年輕人不懂，要借重老人家，在過程中學習，這就是世代參與；婦女最懂採集，在這過程中婦女就進來了。而林下經濟和生態旅遊都在保護陸域生態，既有益身心健康，生產過程又對環境很友善。而且都不只採用單一方法，策略上都是交互運用，進行林下經濟，同時做生態旅遊，陳美惠說：「你去從事生態旅遊就是支持友善環境的產業，是付出保育行動，由在地人守護環境產出的遊程產品，你也等於是支持這種保育力量。你買這種有機農產或友善小農產品，都是幫助他們，你自己則是有責任的消費。」

中華電信數位好厝邊與高士部落

牡丹偏處臺灣東南隅，誠如陳美惠教授提到的，企業支持里山社區發展可以有更多樣態，例如提供企業專長業務與行銷支持。中華電信基金會的數位好厝邊計畫就與高士社區發展協會合作，長期支持地方數位發展。近年中華電信基金會開始投入數位好厝邊行銷在地產業，協助地方創生。

觀念改變 → 行動實踐

高士部落 Ⓥ Ⓢ 永續發展目標與生物多樣性

SDG 1
消除貧窮

∞ 發展林下經濟，結合生態旅遊，創造農民收入

SDG 5
性別平等

∞ 婦女參與林下經濟

SDG 8
尊嚴就業與經濟發展

∞ 科學化養蜂，並發展多元產品鏈
∞ 成立段木香菇菌種中心，提升栽植技術

SDG 12
負責任的消費與生產

∞ 由在地人守護環境產出的旅程產品，購買也等於支持保育

SDG 13
氣候行動

∞ 保護森林，產生碳匯

SDG 15
陸域生命

∞ 發展農業也守護林業，保育林地

GBF 3
保護區 Pas 及 OECMs

∞ 在原住民傳統生活領域以低密度的土地利用及生產方式保育生態

GBF 9
野生物種永續利用

∞ 運用部落野生植物如埔姜、羅氏鹽膚木進行林下養蜂與採收花粉

GBF 10
永續生產系統

∞ 以段木香菇、林下養蜂養雞、以及採集等方式打造里山根經濟

GBF 11
增益生態系服務功能

∞ 透過科學化知識傳授，提升養蜂技能與香菇菌種栽培

GBF 22
原住民與在地社區參與決策

∞ 尊重原住民文化及傳統生產方式

當永續列車
駛進
森川里海

PART 3

從商業經營與
地方創生角度
維護自然永續

找出森林的各種可能，用自然環境與傳統文化打造新事業

**唯一的海岸布農族創高山森林基地
運用森林生態資源養活部落**

「高山，不是很高的山，是部落的名字。」

2023 年 8 月初的夜晚，位於高山部落的高山森林基地因電線走火引發祝融之災，大火後，基地人員在一片灰燼的廢墟中撿到這殘留的傳單一角文字。

是的，高山，不是很高的山，是位在花蓮臺 11 線海邊的高山部落，是全臺唯一海岸布農的棲息處。1933 年，一位厲害的巫師和布農族獵人馬大山，為追尋更好的生存條件，從南投中央山脈翻越至花東縱谷，再穿過海岸山脈，來到島之邊境，乍見高山民族此生從未見過的蔚藍海洋，迷惑、驚喜中，在花蓮豐濱鄉磯崎村這處臨海卻有森林、有沃土的淺山落腳安居，造築出於海邊生活的「高山部落」第一章。

從高山到大海，馬大山陸續召喚親族七戶前來磯崎村一起拚搏，

開枝散葉，成就了現在不到一百人的磯崎村高山部落。與原已在地生活的沿海部落阿美族、撒奇萊雅族、噶瑪蘭族，還有客家人、閩南人及當時被稱「外省人」的各族群交融依偎，共居、學習，這個原來如山般沉靜的山野民族，成為第一群在海邊生活、可下海且可上山打獵的「海岸布農」。

山也好、海也好，務實的布農文化讓海岸布農有能力走出自己的路，土地自然也不會放棄他們，無論是九十年前的遷徙，或今日的大火毀傷。

高山森林基地共同創辦人馬中原，是馬大山的孫子，祖父從島嶼中心的高山峻嶺，遷移到花蓮的海之畔，胼手胝足地讓高山部落成為全臺唯一會捕魚、會種阿美族野菜、懂阿美文化與生活美學的布農族部落。

分享漁獲與麻糬，族群互相包容

這群原屬於高山森林的布農族離開原鄉、迎向更豐富的文化交融，除了和阿美族學捕魚、射魚，看到阿美族一撒八卦網就能捕到好多魚，也琢磨著是不是可以用八卦網來打獵？抓到更多山豬？強於過去用獵槍一次打一發子彈獵一物；阿美族則向布農族學打獵和製造火藥。

海岸布農也向撒奇萊雅學種水稻，跟在「退輔會國軍泰來農

當永續列車
駛進
森川里海

PART 3

從商業經營與
地方創生角度
維護自然永續

| 綠網資訊 |
高山森林基地在花蓮豐濱，在國土綠網藍圖中海岸山脈北段淺山森林及海岸濕地保育軸帶上。需要推動花東縱谷獨流溪的生物廊道以及溪流、灘地與海岸林的棲地維持。

場」的外省老兵學種果樹，他們與1949年來到臺灣的「外省阿兵哥」
一開始雖有衝突，但終還是互相包容、相依相偎，海魚、臘肉、腐
乳肉、安徽年糕、山東饅頭等收服了山林布農的胃。族群融合在此

不是口號，他們與在地各住民密切地生活在一起，成為會山也懂海的海岸布農族人。

群體共生、共享的傳統布農族，相信大方分享會獲得神的祝福，沒有英雄主義，不談階級。布農族語裡沒有「獵人」，以 Mama' ngan 來指「刀鋒般一樣銳利的人」，就是在獵場中最厲害的人，但不是武力厲害、最會狩獵，而是最溫柔、最樂於分享的獵人，布農的刀也叫分享刀。另外一種 Mama' ngan，則是「我雖然不是最厲害的，但是我使你更好。」

海岸布農也謹守祖先指示：分享，落腳高山部落後與各族群間相互餽贈、交會，逢大事殺豬、打獵收穫都會分享；其他族群則以捕魚漁獲或做麻糬來回饋，互相傳授學習生存技巧，生命也相互依存取暖，造就高山部落融合山海的獨特生活樣貌。

以森林為核心連結土地與部落產業

長輩留下種種堅韌又充滿冒險精神的海岸布農文化，到了馬中原這第三代、甚至第四代，卻看見家族脈絡延續的斷層和近代原住民的困境。某次回部落參加耆老的告別式時，他發現家鄉裡不僅長者漸逝去、文化也已消失，興起守護老祖先森林的念頭，在這面向太平洋的半山腰，他想找回在土地上的自信、開創屬於這個世代的新部落。毅然放棄穩定軍職回到部落，於過往遷徙的遺址上創立高山森林基地，從體驗、身心療癒促使更多人認識自己的原住民文化，努力傳承部落文化，讓部落族人的生活更好，翻轉海岸布農的貧困命運。

由於海岸梯田狹小需要高度人力，馬中原將部落的生計著眼

"在高山部落，捕魚也好、種植也行，都是自給自足，用布農原來的生活文化，重塑新的經濟模式，養活部落越來越多的人。"

在森林的經營，找出與森林友善互動的更多可能。「森林」原本就是布農族文化的基礎，馬中原與族人將部落多元族群融合開展出來的豐富文化與生態樣貌，以布農的思考重新經營當地的生態資產，轉化為森林體驗，創造出足以支持年輕族人返鄉的產業。

布農族人馬中原與具臨床心理師、亞洲體驗教育學會正引導員資歷的璽哥，共同創辦了高山森林基地，他不僅想重回大自然懷抱療癒自己，也想透過各種森林體驗、部落體驗和探險治療，讓更多人能了解這片土地、崇敬自然，獲得治癒力量，回歸靈魂真正的平靜。基地以連結土地、發展部落產業為目標，經營文化、自然體驗為主軸，運用原民文化元素與生態心理學知識，開發各種森林探險、荒野獨處、文化生態、冒險治療等體驗，讓人的內心與大自然、森林、土地更加緊密。

找獵人的文化體驗，不是單純的射箭或玩樂式打獵，是強調獵技與智慧的連結。走在森林小徑，靜默感受老巫師和獵人走過的路；登上勇氣石，遠眺未來、回首過去。

找老鷹的冒險體驗，攀爬上高挺的百年雀榕，離開地面、從樹梢高度看不一樣的森林，是一種冒險治療與勇氣自信的培養。

一把「Mamangan DIY 獵人分享刀」結合了傳統布農族對刀的情感，與獵人狩獵分享、共享的文化。一座森林、一把刀，蘊藏許多

布農族人的獵場文化與科學智慧，將獵場重新定義為可親近的。磨刀也可以是靜心過程，慢慢磨利刀，要花心思，更要儲備能量。

這些都是高山森林基地用在地文化進行療癒，找回自己的過程。布農族人在山林生活，而不征服山林，分享自然、分享獵物，蘊含大自然環境教育與永續的意義。

高山森林基地從部落歷史與自然共存的能力，帶給旅客心靈體驗，將祖輩留下的山林經驗轉譯為文化冒險體驗，進獵徑、攀大樹，讓海岸布農獨特的價值分享給旅人，旅客、部落、自然皆受益，共同邁向永續。

「在高山部落，捕魚也好、種植也行，都是自給自足，我們還是用布農原來的生活文化，重塑新的經濟模式，養活部落越來越多的人。」馬中原感慨卻不氣餒地表示，也積極為部落找尋新出路，三年前開始復育海岸山脈的在地原生種：日本山茶，計畫以營養成分優良的日本山茶油，製作成茶油，成為美妝與養生產品的原料。在保育土地、自然資源與森林永續的狀態下，將日本山茶開創為部落一級產業。

火，破壞是一時；堅守海岸布農長輩傳承下的勇氣與不放棄，被大山大海同時照顧著的高山部落，終會守住。

當永續列車
駛進
森川里海

PART 3

從商業經營與
地方創生角度
維護自然永續

建蓁環境教育基金會公益小旅行與高山部落

建蓁基金會長期以推動環境議題與活動來推動保存與活化自然生態及傳統文化資源，近年來規劃以公益旅行、生態旅行型態連結高山部落。

觀念改變 → 行動實踐

高山部落 Ⓥ Ⓢ 永續發展目標與生物多樣性

SDG 11
永續城市與社區

∞建立高山森林基地傳承部落文化，改善族人生活

SDG 12
負責任的消費與生產

∞提供旅客森林與文化體驗，同時接受大自然環境教育

SDG 14
水下生命

∞有節制的捕撈維護生態

SDG 15
陸域生命

∞布農族人山林生活是分享大自然和獵物，維護環境永續

GBF 9
野生物種永續利用

∞復育海岸山脈在地原生種日本山茶

GBF 10
永續生產系統

∞將荒廢的部落林地永續利用

GBF 21
原住民與在地社區參與決策

∞結合在地阿美、撒奇萊雅、布農以及退輔會老兵漁獵耕食

守護水源生產旬菜時果，
好品質讓消費者與
產地沒有距離

> 比亞外部落有機農作由臺灣原味協助銷售
> 口碑傳出供不應求帶動消費者
> 直接向農夫買的產銷模式

「如果要講里山聚落，比亞外最當之無愧！」陪伴原住民做有機種植多年的臺灣原味創辦人吳美貌誠摯地誇讚著。

居民同樣都泰雅族人，名氣不如司馬庫斯，然而，去過比亞外，幾乎沒有人不愛的。這是一座景色無可言喻之美，並且是名副其實的無菸無酒部落。

符合里山倡議中的「森川里海」，有森林有溪流有山巒的比亞外，站在鳥嘴山東方山腹的海拔 600 到 1,200 餘公尺緩坡地，大漢溪上游從左側蜿蜒川流，在桃園縣復興鄉裡位置是邊陲又邊陲的獨立，要說是與世隔絕的桃花源，不算過譽。只是在現代化的社會，桃花源仍必須和外界有所關聯，而有機農作物就是比亞外居民既可以和外界，也可以維持桃花源的關鍵。

從狩獵文化轉到以農業為主的產業，今日的比亞外不是一蹴可及的，關鍵還是在人。

當永續列車
駛進
森川里海

PART 3

從商業經營與
地方創生角度
維護自然永續

泰雅族自古就善取自山林，用諸於山林；建築取用桂竹林，但怎麼砍竹都有一套大家遵循的循環規範。即使在過去靠狩獵取得蛋白質來源的時代，仍是以一種珍惜資源的概念面對，狩獵不是天天可行，而是每年有固定時間，必須透過儀式祈福祝禱，甚至出獵前一晚透過占卜，若卜象不祥，則不得狩獵。非狩獵時期及打獵地區不要打獵、要善待獵犬、不可以燒燬和濫砍禽獸聚集的森林和大樹，更忌諱在山中大吃大喝。捕到懷孕的、幼小的動物，都必須放牠們歸山，這種不竭澤而漁的態度確保動物的繁衍，也讓族人世代都有足夠的飲食來源。由此可見其中蘊藏著永續思維。

從慣性農法到有機栽種，靠部落意志的覺醒

父系世系群的泰雅族社會裡，遵循著「Gaga」——共同，生活在山林間，以命運共同體的結實組合，本意是從祖先所定的制度規範，逐漸演變為功能群體，「發揮共勞合作、同負罪責、同甘共苦的團隊精神。」比亞外在居民的共識下，從狩獵文化走到農耕文化，再從傳統慣行農法朝向幾乎整座部落都採行有機種植，靠的是人的集體意志。前後有時任部落長老教會的牧師歐蜜‧偉浪、比亞外部落史上唯一的女頭目吉瓦思、長老猶浩‧達亞、牧師尤命‧阿韻等的苦口婆心並團結部落居民，讓這座原本到處都見酒瓶的部落變身成為無菸無酒部落；更在部落人幡然覺醒後，境內的農藥、化肥、除蟲劑瓶罐幾近消杳，寧可安然緩耕慢作地行於有機農作途中。

長年被霧靄籠罩的比亞外，清晨山嵐飄來，水氣充足，非常適合

| 綠網資訊 |
比亞外在國土綠網的西北五區，為森林、溪流棲地類型，重點在保存低至中海拔森林生態系及生物多樣性，並減少動物路殺與宗教放生。

蔬果生長。10 幾戶人家天未亮就開始耕作，居民的勤奮與齊心，共同維繫這座里山聚落的運轉，到現在已有固定的支持者，彼此爭相走告等待每年 4 月的比亞外枇杷、5 月的水蜜桃成熟時，好似要嘗到當年的比亞外盛果才沒有遺憾。

二、三十年前，半農半 × 的長老猶浩‧達亞曾經是農藥行常客，不時被推銷哪種農藥最好用，「除蟲除草全靠這一支」，作農也真是辛苦，能省工省力的，猶浩幾乎都照單全收，長期投入慣行農法種植水蜜桃，果實大粒肥美，他和妻子阿黛是最早在臺 7 線上擺攤賣水蜜桃的農夫。

直到因為急診送醫，當時醫生診斷他應該是肝出了大問題，

當永續列車
駛進
森川里海

PART 3

從商業經營與
地方創生角度
維護自然永續

眼看著臘黃的臉色，妻子阿黛深怕家中支柱的猶浩垮掉，自己和三個還年幼的孩子該怎麼辦？猶浩心裡明白應該是用農藥施作出了大問題，祖先告誡的話：「不屬於這裡的東西就不該進來。」似醍醐灌頂了他。那麼，就回到自然農法吧。

泰國米之神基金會來臺推廣KKF農法（khao kwan Foundation）時，猶浩也不吝前往取經，學會用糖蜜加上取自比亞外山上的土壤作成絕佳的肥料；更在輔導部落有機種植的吳美貌切磋傳授並橋接通路之下，一步步邁向有機化。

保護水源也營造友善環境

然而，不能只有一家不用農藥施作，否則還是會吸進別人噴灑的農藥。女頭目吉瓦思很有遠見，覺得經濟要改善，一定要大家懂得從大漢溪上游的水源保護做起；然而採用自然農法需要轉換的時間，農作收成肯定會減量。正逢生態旅遊風潮剛吹起，春天櫻花在雲霧間美麗綻放，粉色花瓣朦朦朧朧暈開來，他們望著自己的家鄉景致，決定要朝向生態旅遊走出一條路。著手設計體驗採果、打獵的行程，以自己的農產品烹調的風味餐之餘，當時還沒有盤點是否具備生物多樣性的概念，幾位精神領袖想到部落裡常見藍腹鷴在他們所在的山林間出沒，何不以保育藍腹鷴為號召？

既然要從事生態旅遊，環境一定要符合生態標準。依傍著大漢溪上游，水源全來自此，早被畫為水源保護區，在家戶逐步棄絕慣行農法，採用自然農法後，波光鱗峋的澄澈水質是可以直接用手捧起來喝的，猶浩每次面對外來訪客都會說到：「這裡是水源保護區，如果河川被農藥汙染了，山下的人一定會喝到。我們都是臺灣人，我們的孩子都在山下，讓喝不到乾淨飲用水的人去買礦泉水，這種

> "部落意識到回歸自然農法,並在輔導部落有機種植的臺灣原味吳美貌切磋傳授並橋接通路之下,一步步邁向有機化。"

事我做不出來。」

如今的比亞外農夫,在農作裡找到規律的生產與生活的步調,已經放下生態旅遊,雖然賺不了大錢,但依循著四季耕作的節奏,從柑橘、白蘿蔔、高麗菜、大白菜、桂竹筍、枇杷、水蜜桃、甜蜜李、甜柿以及段木香菇等供應市場的農作物,偶爾還間作自己要吃的傳統食物——黑豆(樹豆)、芋頭等,這些四季農作已經夠他們忙活了,部落裡年輕輩的阿忠諾佈跟著母親美麗、新住民媳婦梁明雪跟著婆婆烏瑪埋首有機耕作一晃眼也十餘年,而猶浩的已成年孩子雖然在山下工作,但假日一定上山與父母一起務農。

社區在轉型初期,有社會企業臺灣原味協助社區銷售,然而比亞外的蔬果品質好,隨著四時生產更是限期限量,讓消費者趨之若鶩,逐漸發展為消費者直接訂購的產銷模式。而比亞外位處電網末梢,最怕風災或意外造成斷電影響社區運轉,2018年初臺灣再生能源推動聯盟與大同智能比亞外社區合作建立作為第一個示範型的綠能案場,發電提供教會使用,進一步提高社區韌性。

進入這座容易被忽視的部落,路途蜿蜒,但只要曾經跨足其中,絕對會被比亞外那生態、生產、生活渾然揉雜的桃花源所吸引感動,這就是活生生的實踐里山倡議。

當永續列車
駛進
森川里海

PART 3

從商業經營與
地方創生角度
維護自然永續

臺灣原味與比亞外

臺灣再生能源推動聯盟、大同智能與比亞外

觀念改變 → 行動實踐

比亞外部落 ⓋⓈ 永續發展目標與生物多樣性

SGD 2
消除飢餓

∞蔬果有機耕作提高生產力

SGD 5
性別平等

∞女頭目等人團結部落居民,變身
為無菸無酒部落

SGD 6
潔淨水與衛生

∞採行自然農法,保護大漢溪上游
水源

SGD 11
永續城市與社區

∞生態旅遊與有機耕作相輔,維持
社區永續

SGD 12
負責任的消費與生產

∞生態旅遊體驗當地採果,並以自
身農產品為風味餐

SGD 15
陸域生命

∞有機耕作後產出四季不同蔬果
∞保育藍腹鷴,維護生態多樣性

GBF 7
污染與水質管理

∞減少農藥污染並維護水源品質

GBF 10
永續生產系統

∞由慣行農法改採自然農法

GBF 11
增益生態系服務功能

GBF 16
責任消費

∞提供友善生產、保護生態、可永
續的消費方案給消費者

GBF 22
原住民與在地社區參與決策

∞遵從泰雅 GAGA,共同合作社區
轉型

開發竹建材，
帶領竹農投入淨零商機

竹籟挽救夕陽產業，發展竹循環鏈
種竹獲取碳匯，製造竹建材有生質能源可用

　　臺灣曾是竹產業的原鄉，在臺灣的森林資源當中，竹產業占有相當重要的地位，竹材大量應用在早期的臺灣居民生活中，原住民利用竹子搭建房子、製作家具、食器、製作狩獵用的弓箭及捕捉獵物的陷阱。日常生活中，竹子日用品無所不在，形成相當規模的竹產業。

　　70 年之後，取自石化原料的塑膠問世，機械化大量生產一舉打跨仰賴人工的竹產業，崛起的東南亞更以低價競爭，讓臺灣竹產業一再萎縮，終至被淹沒。

　　竹籟的賴彥池是竹產業的第二代，他常自稱是被退學的「歹竹」，圓夢當了飛機技師，卻在重返夕陽產業的竹產業，不僅屢屢讓竹編藝術成為臺灣新的創意地標，如今更帶領竹農，投入「淨零碳排」的新興商機。

當永續列車
駛進
森川里海

PART 3

從商業經營與
地方創生角度
維護自然永續

「臺灣的竹林很多，不需要造林，反而是如何協助有碳權需求的企業。」賴彥池參與竹碳匯的產出不僅限於臺灣，還協助以前沒有竹林卻有意造林的菲律賓以及拉丁美洲的厄瓜多、瓜地馬拉等國造林種竹。

離開南投縣竹山鎮整整 17 年，賴彥池不諱言起初對竹產業的未來感到迷惘。「在工作過程中，我發現只有設計師、結構技師和建築師、視覺設計、行政人員等需要學歷，線上的工藝師大概是三、四十年前高中、國中畢業學歷。」老一輩工藝師有一技在手，但年輕人則充滿不確定。因此賴彥池啟用許多在地年輕人，因為社區許多需要關懷的孩子。家庭對孩子的要求不多，只期待能養活自己。

找回竹產業，種竹可產生碳匯

竹山、名間的松柏嶺有很多製作茶葉的自營商，其中不乏只受過幾年教育卻開著高價名車賣茶，讓看到表象的年輕孩子們紛紛投入茶產業。但其實茶產業製作過程時常需要熬夜，衍生許多潛藏問題以致有些年輕人誤入歧途。

賴彥池給這樣的孩子新機會。他的出發點並非承接家業，而是期望重新找回竹產業，並擴大竹子的使用量，「所以我們才會去做很多材料應用的開發，就是希望讓很多組織採用。」

對碳匯稍有概念者都知道：獲得碳匯必須要種出新樹木，不得計

| 綠網資訊 |
竹籟的竹產業，主要地點在南投縣竹山地區，在國土生態綠網是屬於西六區，為濁水溪以南之南投淺山區域，且南邊為濁水溪溪流保育軸帶，任務在於保存森林、溪流及農田生態系，串聯森林、河川與里山。

算原來所擁有的，竹林則不同，竹子大約 5 到 7、8 年會自然衰亡腐敗，把原本吸存的二氧化碳又釋放出來。賴彥池說，「現有的竹林照樣可以產生碳匯；因為竹林有一個特殊性，5 年必須要伐一次，伐掉之後就重新開始。」「如果是一個 10 年的

當永續列車
駛進
森川里海

PART 3

從商業經營與
地方創生角度
維護自然永續

老竹林都未經疏伐,則更完美,因為這全部都可以疏伐掉,重新長出新竹。」雖然重新長竹子仍可捕捉碳匯,但是計算竹林碳匯的方法學,仍仰賴建立。目前已有企業除了碳匯需要之外,還打算來認養竹林,竹籟與林業試驗所一同簡報,期許有較大規模的突破。

同時,賴彥池已發展出一個竹循環鏈,利用竹子開發成竹建材,投入竹建築,努力拓展新藍海,取得公共建築與公共工程的 CAS 標章。

開發竹建材,創造永續循環鏈

竹建材的製造過程中所產生的廢料則可作為生質能源,利用於發電,屬於綠電。賴彥池細數發電過程中的餘料利用,可變成生物炭跟竹醋液,可以支援到有機農業;做成寵物清潔用品,或是貓砂,或是家庭清潔用品、環境清潔用品,又因為發電會有餘熱,餘熱又可以來作為食品加工,比如說竹筍品的冷鏈資源,還可以進到家用品,「這樣一個永續循環鏈,它能夠創造 78 個工作機會,創造出來的碳匯是非常可觀,因為每天至少要好幾噸的竹材做汽化發電,等於利用現有的竹林可以創造出很多工作機會。」

近年推廣國產材,產學機構再三論及樹木固碳,林試所則發現 4、5 年就能成林的竹子,碳匯量是木頭的 4 倍。賴彥池說:「能夠固碳的原因是因為所有的植物都是吸收二氧化碳,吐出氧氣,二氧化碳就會變成木質素,木質纖維素就是我們眼睛看到的竹子跟木頭,是一個大自然的機制。」

921 地震之後,中部地區開始投入農林產業的復甦,竹業是其中

"這樣一個永續循環鏈，它能夠創造 78 個工作機會，創造出來的碳匯是非常可觀，因為每天至少要好幾噸的竹材做汽化發電，等於利用現有的竹林可以創造出很多工作機會。"

之一，也改善了竹業的大環境，但賴彥池認為尚未切中核心。如何不重蹈臺灣竹產業曾經崩盤的教訓，賴彥池分析臺灣的勞動薪資結構是無法跟武夷山這種竹產業生產基地相較的，「所以我們再做小品編竹籃、做竹杯竹碗真的一點意義都沒有。」賴彥池在 2018 年臺中花博承做竹跡館；桃園農博打造的五腳亭，更獲得「艾特獎—第十屆國際空間設計大獎——優秀獎」都實踐了做竹結構的開發，竹材料的應用，新興竹產業因而獲得政府 4 億的挹注。

但進入公共工程還需要更多法規的改善。一方面設法拿到 CAS 標章，另一方面，賴彥池率領團隊開始打造了全臺第一座竹公車亭——南投縣竹山分局前的候車亭，成為臺灣首座環保固碳竹候車亭，不僅能抵擋 12 級以上的瞬間陣風，且採模組化更換維修工法，更能永續使用。「這座竹車亭除了減少二氧化碳產生外，還提供地方 31 個短期就業機會，並且培訓竹山竹產業工藝技術人才，最重要的是能夠持續使用地方竹材，持續向竹農採購，讓竹林能夠生長生生不息下去。」

對於地方創生一詞，賴彥池另有看法，他期許竹業能成為「真正源自地方的台積電」，如果未來在公共工程建設上面，

當永續列車
駛進
森川里海

PART 3

從商業經營與
地方創生角度
維護自然永續

政府也能夠逐步考慮更積極使用臺灣國有林材，主動協助材料測試與標準制定，突破法規框架，讓更多硬體建設剛性需求上面，創造更多合作機會，地方創生或許就有積極發生的機會。」

企業參與

竹籟與竹產業

觀念改變 → 行動實踐

竹產業 Ⓥ Ⓢ 永續發展目標與生物多樣性

SGD 7
可負擔的潔淨能源
∞竹建材的製作過程產生的廢料可作為生質能源

SGD 8
尊嚴就業與經濟發展
∞竹產業產生永續循環鏈，創造工作機會

SGD 12
負責任的消費與生產
∞購買竹製商品或使用竹建材，促進竹產業發展

SGD 13
氣候行動
∞種竹可以捕捉碳匯

SGD 15
陸域生命
∞維護竹林，遏止生物多樣性喪失

GBF 8
氣候變遷調適與減災
∞運用竹材增進自然碳匯
∞竹材廢料發展生質能源

GBF 10
永續生產系統
∞創新開發使用提升竹產業產值

GBF 11
增益生態系服務功能
∞竹林活化與疏伐健全竹林生態系功能

GBF 15
企業責任
∞生產、供應與價值鏈符合永續利用

GBF 22
原住民與在地社區參與決策
∞進用社區勞動力

挽救森林，
不只要種樹，
更要減少包裝消耗

> 配客嘉推動環保包材，設立回收站點
> 解決過多包裝垃圾，改變網購生態

2020 年開始大流行的 COVID-19 整個改寫了人類社會樣貌。這三年多期間，人們的外出受到限制，疫情最炙時，餐飲服務業被迫不得內用，公私機構的上班被迫分流。甚至連超級市場、便利超商的進出都受到身分證尾數單號雙號分流等種種限制，百業受到嚴重衝擊。倒是外送的網購經濟一枝獨秀地崛起，也因而讓一次性包裝包材的耗用更加變本加厲。

早在疫情之前，買個行動電源、環保材質衣服、即食食品等，重重疊疊的包裝，雖盡到物品的保護作用，卻也徒增消費者處理一次性包材的困擾，對稍有環境意識的消費者面對過度包裝，更生反感。可不可能改變這種無窮盡地耗費資源，讓包材可以循環再利用？

創立「PackAge+ 配客嘉」的葉德偉曾經過兩度創業，第二

當永續列車
駛進
森川里海

PART 3

從商業經營與
地方創生角度
維護自然永續

154

次創業為販售 3C 產品電商業者，他留意到一位購買環保材質藍芽手機的消費者留下罕見的負評，「我明明要響應環保，卻收到超多包裝與盒子等塑膠產物。」這個回饋烙印在葉德偉的腦中。第三度創業選在 2019 年 4 月地球月，他決定投入致力推廣使用循環包裝概念的「PackAge+ 配客嘉」，希望能做到讓有意識的消費者參與決定網購的包裝使用權。

開發衛生紙品牌，為人們種一棵樹

一面推廣看似不太可能的循環包裝，配客嘉還開發另外一個特別的衛生紙品牌業務—ReTissue 在乎衛生紙。不是紙業大廠，卻敢於開發衛生紙品牌，這也是配客嘉要做就乾脆做到底的循環經濟思維。過去投入電商產業，業績愈好，一次性的紙箱消耗愈多；當葉德偉了解紙製品全來自於林業後，他們決定讓衛生紙與種樹連結在一起，不僅不砍樹，採用辦公室用紙、印刷業務裁邊、回收紙箱紙盒及回收教科書等再生紙漿製紙，更與 1989 年創立的國際種樹組織「未來之樹（Trees for theFuture）」合作，每賣 10 包衛生紙，就為人們種下一棵樹。

每次被問到：「你們不砍樹，還種樹？請問樹種在哪裡？」小小新創的配客嘉願景與「未來之樹」不謀而合──透過種植樹木使土地可被持續性利用，在創業之初，他們成為「未來之樹（Trees for The Future）」的會員。而「未來之樹」鎖定與遭到氣候變遷和經濟挑戰最為緊迫的非洲南部 5 個國家、數千個家庭合作，他們在塞內加爾等半乾旱國家採取森林園藝方法（the Forest Garden Approach），證明農林業是對應嚴峻挑戰的解決方案，既可有效消除貧窮、種植糧食作物，同時恢復地力和環境的強韌度。配客嘉相

信要做就做到底，至今因為他們販售衛生紙的實績，已參與種下 8 萬棵樹，提供非洲 5 國當地農夫直接的工作機會，改善地區貧窮問題。即使曾兩度差點卡在資金周轉上，當時天天都想放棄的創業者，還是撐過去。

2022 年，臺灣零售業銷售總額首度突破 4 兆元大關，高達新臺幣 4 兆 2,815 億元，電商占比 9.5%，預計在 2026 年成長至

當永續列車
駛進
森川里海

PART 3

從商業經營與
地方創生角度
維護自然永續

11.7％，這龐大的商機裡也包藏著巨大的地球資源消耗，配客嘉希望為業績扶搖直上的電商業打造各平臺都能使用的「網購循環包裝」，以解決過多網購包裝垃圾問題，大舉改變臺灣的網購生態系。

官網上明白寫著：「每一次消費，都在為我們想要的世界投票！」配客嘉設計循環包裝，起初就打定採取環保材質，他們先設計出各種不同尺寸的公版製作，再針對需要客製化的客戶量身打造適合的大小包裝袋或箱，貼上企業識別標籤。

從校園到企業，紛紛響應加入合作行列

在配客嘉的規劃中，他們可以針對各電商的個別需求，提供租賃或買斷模式的循環包裝；消費者在網路購物的結帳送貨方式階段，可勾選使用循環包裝出貨。收到商品後，就近將使用過的循環包裝交到回收站點收回，配客嘉收到，再透過配合的社福團體清洗、消毒、整頓後，交還給電商繼續使用。配客嘉商業總監賴俊谷透露：「配客嘉所製造的循環包裝可重複使用 30 次以上，相比一次性的包裝，循環包裝能減少 50％的碳排放，也大幅降低網購紙箱與塑膠袋所產生的垃圾量。」

從最初以政大、臺大、臺科大、師大 4 校為試辦基地，推動校園內使用循環包裝團購開始，配客嘉和校園周邊響應綠色循環的飲料店、素食店等談好支持他們作為回收點。逐漸把成功經驗值擴散開來，2019 年假群眾募資平臺，配客嘉以循環包裝為主題上線，號召12 家社會企業共同加入使用循環包裝的募資活動，很快獲得群眾響應、募款金額迅速上升，讓配客嘉創業團隊相信這是一件有社會影響力且可持續發展的事業。同時，他們更號召全臺校園大使加入推廣歸還站點的拓點任務，由 40 位學生大使洽談到近 300 家店家配合；

" 配客嘉所製造的循環包裝可重複使用 30 次以上，相比一次性的包裝，循環包裝能減少 50% 的碳排放。進而帶動消費者期盼電商帶頭使用循環包裝。"

更鼓舞他們的是，有的消費者還從南部帶著包裝北上歸還、給予當面的鼓勵。甚至還有人主動到各電商平臺留言，希望電商能開始帶頭使用循環包裝。

臺灣人已習慣便利快捷的生活，在龍頭平臺的先後加入，為配客嘉串聯各個產業，消費者願意多了一點付出時間心力，讓他們更堅定相信，臺灣絕對能開闢循環包裝的市場，只是過去沒人做而已。

而為了符合企業 ESG 指標、綠色供應鏈等多項角度，配客嘉與個別企業一家家溝通，2021 年逐漸有了大型企業加入，包括臺灣肯夢 AVEDA、臺灣 UNIQLO、寶拉珍選在內的服飾品牌、臺灣網路服飾平臺、大網購平臺等陸續加入；歸還點更有全家便利商店合作全臺近 4,000 家門市、以及 7-ELEVEN 部分門市的開放，綜合性的消費通路商屈臣氏、家樂福等企業也加入合作行列。而台積電也與配客嘉合作，將廠內回收處理後的廢塑料再製成「環保循環箱」取代一次性紙箱，協助供應商紙箱減量使用。

循環包裝不僅間接使林業永續，更奔向 2050 年碳中和目標，打造臺灣成為一個淨零國度，也許是值得盼望的。

當永續列車
駛進
森川里海

PART 3

從商業經營與
地方創生角度
維護自然永續

配客嘉與循環包裝支持企業

配客嘉循環包裝與全家超商回收點

觀念改變 → 行動實踐

循環包裝 ⓋⓈ 永續發展目標與生物多樣性

SGD 1
消除貧窮
∞販售衛生紙種樹，提供非洲 5 國
　農夫工作機會

SGD 2
消除飢餓
∞間接協助非洲農民種植糧食作物

SGD 8
尊嚴就業與經濟發展
∞號召 12 社會企業加入募資活動

SGD 12
負責任的消費與生產
∞邀集電商與商家加入循環包裝的
　合作

SGD 13
氣候行動
∞推動循環包裝，減少垃圾及碳排

SGD 15
陸域生命
∞使用再生紙漿及採用循環包裝，
　使林業得以永續

GBF 8
氣候變遷調適與減災
∞支持使用森林園藝方法在非洲乾
　旱地區解決土壤劣化帶來的貧窮
　與飢餓問題

GBF 15
企業責任
∞推動環保包材與回收，提供減少
　生態影響的消費模式

GBF 16
責任消費
∞減少對森林的過度消耗與包裝垃
　圾產生

GBF 20
國際培力與合作
∞加入未來之樹會員參與土地與農
　業復育

城市綠色成長，
找回生物多樣性

確保生態系統服務，強化氣候變遷的韌性
創造更多關係人口，都市鄉村相互交流

　　人口激增，世界正在經歷急劇的城市擴張，預計到 2100 年，全球 75%以上的人口將居住在城市地區。城市擴張將大量利用全球範圍內的自然資源，對生物多樣性和生態系統服務產生嚴重的連鎖反應。為了維護造福人類的重要生物多樣性和生態系統服務，城市必須將生物多樣性保育納入城市規劃和設計的主流。轉向「城市綠色成長」規劃已勢在必行，這不僅是為了確保永續的生態系統服務和資源流動，也是為了確保面對氣候變遷的韌性。

　　里山倡議的概念僅能用於森川里海嗎？臺北市信義社區大學曾於 2015 年舉辦過《揭開臺北東區綠面紗》——建構「都市里山學」工作坊，試著思辯依山而建的臺北市從舊聚落演變迄今高度開發的環境，內湖、信義及文山區等擁有豐富的生態環境資源，但是隨著氣候變遷環境持續惡化，豪大雨嚴重沖擊了山區、溪河環境，如何以「里山學」的概念，採用生態自然且

當永續列車
駛進
森川里海

PART 3

從商業經營與
地方創生角度
維護自然永續

不破壞環境的做法，使人與生態環境能夠共存。

臺灣於日治時期引進西方都市計畫，城市空間經過改造後，公園因應而生。都市公園成為都會居民的公共空間，歷百餘年來，都以便於維護管理以及寬敞整齊，避免造成治安的死角為主要考量因素；無論在視覺景觀、植栽選擇、採購習慣、空間規劃上，園區內的設施、植栽、水域等規劃設計手法，多採大量水泥化、硬舖面的工程強力，不僅改造了綠地原有面貌，同時普遍欠缺從在地生態、原生物種棲息繁衍角度思考。在當代的思潮之下，都市公園或綠帶已不宜僅停留在以人的視角作為決策與執行的出發點，由人類一手打造的都市綠帶必須念茲在茲思考生物多樣性的價值。

把里山觸角跨出鄉村，走入都會

如何實踐「都市里山學」，把生物多樣性概念放在都市綠帶的規劃中，從事社區林業輔導多年的陳美惠教授喜見 GBF 提出目標 12 項——提高城市地區和人口密集地區的綠地和藍帶。

不必把國土生態綠網、社區林業、里山倡議等都侷限在鄉村地區，其實這樣的概念是可以帶到人口密集地區。陳美惠認為，國土生態綠網的角色就是要彌補或縫合因為高度開發所造成的生物棲息地破碎或惡化，「包括我們在談社區林業、社區綠美化、生物棲地的營造、保護濕地、營造生物多樣性的空間等，都更可以將觸角跨出鄉村地區，進入城市地區，讓都市人知道這些概念，不必拘限於鄉村地區。」一旦能讓更多都市人認知到生物多樣性與里山的價值，不僅有機會實際改善都會地區的環境品質、生物多樣性的狀態，也會

促成更多都市人更加理解生活在鄉村人正在努力的所有事情，「有機會創造更多關係人口，對於社區林業和里山倡議而言，甚至談地方創生，都是與都會地區民眾很好的交流，協助他們投入生物多樣性的空間營造，包括綠地或藍帶的空間營造，都是連通的。」

都市的公園絕對可以呈現更多豐富的地景地貌，裨益於各種動植物的繁衍與生長。如日本琦玉縣的武藏丘陵森林公園，大片武藏野天然林包圍整座公園，41 個湖沼星羅棋布，園區包含森林、草原、濕地、丘陵地等豐富多樣的棲地形態。園內各區域間的配置與動線規劃保存了天然林與濕地，園方更巧妙運用丘陵地形，設置運動設施供民眾使用。公園長期舉辦各種導覽體驗活動與運用植物為手作體驗的環境教育課程。以環境教育為主的民間非營利組織更與公園合作，規劃各種多樣性活動，包括：合辦滑草、攀樹、健行、自然觀察、攝影或美術展覽等活動，從方方面面瞭解公園的面貌，並滿足各族群的需要。

桃園草漯都市計畫，保留稻田維護在地生態

臺灣也開始見到都市里山概念的實踐。位於桃園市觀音區的草漯都市計畫，距離桃園國際機場 8 公里，總面積 504 公頃，附近有大園工業區、桃園環保科技工業區及大潭濱海特定工業區等，此一都市計畫區定位為提供附近上班族的生活服務空間。規劃建造住宅之前，即已考量納入原有的人文風景概況，所以保留了以農業相關使用為主的稻田區域。

當永續列車
駛進
森川里海

PART 3

從商業經營與
地方創生角度
維護自然永續

至於主要自然地景則有兩處保安林、4 處灌溉埤塘，以及川流其間的富林溪和支流廣福溝。整個區域規劃以都市計畫的框架保留樹林、水流和稻田，結合公園用地將多數的樹林做為自然演替區與緩衝區區隔，對內串接區內的綠帶、河道親水帶。儘管工程施作時，不免有樹木受到擾動挖起，卻仍在其後妥善移入，讓在地生態持續繁衍，體現里山里川的概念。

　　針對都市訂定的「都市計畫法」，旨在改善居民生活環境，並促進市、鎮、鄉街有計畫之均衡發展，在一定地區內有關都市生活的經濟、交通、衛生、保安、國防、文教、康樂等重要設施，進行有計畫的發展，且對土地使用作合理的規劃，有序地引導城鄉的空間發展。都市計畫共分為市鎮計畫、鄉街計畫以及特定區計畫。都市計畫法第 45 條更就綠地有明確規定：都市中的公園、體育場所、綠地、廣場及兒童遊樂場，應依計畫人口密度及自然環境，作有系統的布置，除具有特殊情形外，其占用土地總面積不得少於全部計畫面積 10%。

　　往昔談生態環境議題似乎都遠離都會地區，但環境議題不太可能與人拆分為二，何況在氣候變遷之下，氣溫愈來愈熱，住在其中過熱，人心浮動，居住品質都會大打折扣。陳美惠建議：「從最簡單的綠美化來說，都會地區應該更投入。單是綠美化就有很多可以努力的，包括種樹，無須很大面積，若能夠號召街道巷弄的住家民眾不僅在室內室外，甚至屋頂空間，透過專業的協助，選擇適合的樹種，合宜的景觀營造設計，將會改變都市市容。」

居家綠美化，公共區域導入生物棲地

　　從最基本的家戶綠美化，用一條街做示範，營造出綠意盎然，景觀宜人，讓住在裡面的人喜歡，走到當地的人深受吸引，會想要停下來喝杯咖啡；陳美惠記得早期北投有座社區因為做了綠美化，「社區太漂亮了，很多人喜歡那個社區，一直想問有沒有房子可賣？讓土地和房子整個增值，這就是基本的如何改變都市的生活環境品質。」社區因為綠美化讓社區遠近馳名，吸引許多人專程前來。

　　「單是這樣是不夠的，還要專業的協助，甚至是在政策上的鼓勵。如果從一條街改造示範，努力個三、五年，當然這中間必須要經過很多溝通協商，真的做起來，讓人民發現臺灣的都市社區可以這麼美，進而在公共區域導入生物棲地營造的概念。」陳美惠直言道，這比把樹都剪裁得非常僵硬規格化、放

些假假的東西更引人入勝。她曾在斯德哥爾摩的城市街道巷弄，甚至是百貨公司、動物園等空地都感受到他們想要呈現一種荒野叢林感，「我們也有一些公園綠地，都可以透過生物棲地營造的方式，成為更能夠吸引生物適合棲息的環境。」

　　過去慣習採行的都市綠美化都過度單一，少有考慮過動植物的需求，僅以景觀和人的維護方便為主，陳美惠說：「或許可以在公共區域甚至大一點空間的地方，做些棲地的營造，甚至可以做到生態系恢復的概念，因為這些地方在還沒被開發前，過去也是一個生態系。」

規劃示範點，讓都市人感受環境的價值

　　例如幾十年前，臺北市曾經是農田、樹林、森林、沼澤很多的地方，可以具體逐步恢復一些特定的規劃，陳美惠認為事在人為，「大

"讓更多都市人認知到生物多樣性與里山的價值,不僅有機會改善都會地區的環境品質、也會促成都市人更加理解鄉村正在努力的事情"

家可能都會說很難,若真有決心要做,有政策的鼓勵,有相關制度的設計和專業的支持,先從示範點開始,總是有一些有理念的人願意這樣做。好好地去營造,讓都會區的人能夠生活得更加舒服,也創造更多環境的價值。」

除此之外,這過程也是極佳的環境教育,讓更多都會人不再只是從網路或課本讀到,而是親身居住在與眾物共融的環境裡,「更能了解感受到我們為什麼要做里山?為什麼要去保育臺灣這些僅存的里山環境以及生物資源?因為我們破壞得太快速了,其實里山的品質也一直在下降,我常說里山也在沉淪中。」

都會人從這些綠帶的改變感受到,「或許我的家鄉不在鄉村,但因為我喜歡這鄉村。」逐漸成為該鄉村的粉絲或是關係人口,變成有歸屬感,自己雖然住在都會,卻有著自己喜愛且長期關注的鄉村,好像在都會之外有另外一個家鄉,「這些確實都需要長期環境教育或製造一些機會,讓民眾接觸。簡單來講,就是綠美化要先做好。」

當永續列車
駛進
森川里海

PART 3

從商業經營與
地方創生角度
維護自然永續

陳美惠不諱言說，公部門觀念雖有在改變，然而，生物多樣性還是需要從中央到地方更多的參與，更要內化到各單位的政策執行，這才是根本。」例如做為一個工程單位，要念茲在茲在工程開發施工時都要考慮到生物多樣性的要求，不僅是配合工程該注意的項目，「這是最基本款，應該要內化到具備生物多樣性的思維。」

觀念改變 → 行動實踐

城市里山 Ⓥ Ⓢ 永續發展目標與生物多樣性

SGD 11
永續城市和社區
∞讓都市人體認生態多樣性與里山價值，改善都會環境品質
∞協助都會營造綠地與藍帶空間

SGD 12
負責任的消費與生產
∞創造鄉村的關係人口，對產業與地方創生有益

SGD 13
氣候行動
∞強化氣候變遷的韌性

SGD 15
陸域生命
∞公共區域導入生物棲地，維護都市生態系統
∞桃園草漯都市計畫，保留了稻田區域

GBF 8
氣候變遷調適與減災
∞氣候變遷下都市氣溫上升，透過綠美化改變都市市容，提升居住品質

GBF 12
都市藍綠帶及連通
∞都市計畫保留樹木、埤塘及稻田，並結合公園串連區域內綠帶

GBF 14
生物多樣性主流化
∞社區林業、生物棲地、保護濕地及營造生物多樣性空間不侷限於鄉村地區，改善都會地區環境、在地生態，讓都市居民認知與理解到生物多樣性的價值

城市里山──
人與自然的和諧共存

　　「城市里山的理想之一就是希望人可以和野生動物並存。」臺灣師範大學生命科學院教授也是台灣猛禽研究會理事長林思民說。

　　當都市裡的大樹成蔭，對野生動物來說，築巢、覓食比過去30年前容易，定居下來進而繁殖，數量就逐漸增加，林思民以鳳頭蒼鷹為例，猛禽研究會每年都會盤點，分別在臺北市的大安森林公園、臺大校園、中山北路、二二八紀念公園和附近樹木高聳之處都有牠們的蹤影，「鳳頭蒼鷹搬到都市的時間，臺灣算比較早，目前市區應該有15對。城市的繁殖率比野外好，可能是每年冬轉春時溫度較高的緣故，加上都市的食物來源非常多，鳥爸鳥媽抓溝鼠、麻雀等小鳥以及赤腹松鼠餵雛，大家都有棲地，目前繁殖率已呈飽和狀態。」

　　鳳頭蒼鷹現蹤大安森林公園之後，猛禽研究會徵得林業保育署核准，架設監視器以進行相關研究，意外養出許多粉絲，時不時盯著鳳頭蒼鷹的直播觀察牠們的一舉一動。

　　對都市人而言，既希望居家處多點自然環境，又怕野生動物。因為野生鳥類的巢穴和出沒路徑和人的居所畢竟有一定距

當永續列車
駛進
森川里海

PART 3

從商業經營與
地方創生角度
維護自然永續

離，較受關愛，但像白鼻心這種哺乳類動物會爬行輕鋼架、走管線、爬上天花板，甚至堂而皇之進入建物，往往在發現時，人們都會被驚嚇到，林思民透露：「白鼻心是雜食性動物，喜吃水果，臺大校園內種植蓮霧、芒果等果樹，又葷素不拘，蛇、鳥、蚯蚓、松鼠也照吃。生命科學系曾在半年內發現 7 隻白鼻心，分別從建物旁的通風口、排氣孔進入，還在系館內安家落戶。」林思民指出，白鼻心不屬於保育類動物，這些被發現的白鼻心經通報後，多數送往動保處，「他們每年養 20、30 隻白鼻心幼獸，成年後野放前必須訓練牠們適應環境，學會爬樹、覓食，還要躲避天敵的狗。」

野生動物進入都市後，必須持續觀測研究牠們的種種動向，林思民說猛禽研究會歷經幾任理事長，從文創、研究到找尋民間經費贊助，到他接任第四任理事長投入救傷工作，算是各個面向非常完備的非營利組織，其中包括全聯支持大安森林公園的鳳頭蒼鷹研究：「有一年給了 100 萬，背後都先談好目標，要求我們要作偏鄉教育的服務。」

此外，從 2013 年紀錄片導演梁皆得籌拍《老鷹想飛》開始，緯創公司和一家以生產高級轎車關鍵零件的惠朋國際企業就投入贊助。林思民說：「惠朋企業主是彰化人，對環境很有使命感，連續 6、7 年給猛禽研究會經費，專門作林鵰這種瀕臨絕種等級的鳥類研究，這是第一個由私人企業贊助非營利組織作研究的案例，算是開先河的創舉。」

野生動物和人們的生活如何和諧共存，企業又該如何投入經費支持野生動物的研究，都是落實城市里山的課題，期待有更多正確觀念的引導以及民間企業的參與，林思民相信應該是頗有可為的。

永續報告時代，企業參與
保育的小指南—案例與經驗分享

為了邁向永續發展的道路，許多跨國企業都動起來。

「我們正處於歷史的關鍵和決定性時刻，全人類社會都需要重新與自然建立聯繫，並為實現 2050 年與自然和諧相處的共同願景做出貢獻。在實現地球健康和未來的這個願景，每個參與者，無論是社會、政府還是生產和金融等部門發揮著至關重要作用。」在聯合國生物多樣性公約（CBD）第 15 次締約方大會（COP15）之後，CBD 執行秘書莫蕾瑪（Elizabeth Maruma Mrema）說，「我們很高興介紹企業界所做的變革性承諾，見證企業界在評估對生物多樣性的影響和依賴方面的趨勢，並制訂目標以改善和保護生物多樣性。」

時尚公約促生產者零浪費，消費者選擇負責任的時尚

快時尚（Fast Fashion）蔚然成風以來，鼓勵消費者速買速穿速棄，致使生產和消費模式都對自然生態環境所造成的負擔愈來愈沉重，麥肯錫顧問公司指出，「一件衣服多穿 9 個月可以減少 27% 的二氧化碳排放量、33% 的用水量和 22% 的浪費。」超過 200 個時尚品牌已加入《時尚公約（The Fashion

當永續列車
駛進
森川里海

PART 3

從商業經營與
地方創生角度
維護自然永續

Pact）》，承諾改變營運方式。

《時尚公約》是一項全球性倡議，由時尚和紡織行業（成衣、運動、生活方式和奢侈品）的公司共同組成，包括時尚品牌公司及其上下游的供應商和經銷商，都致力於三個領域的關鍵環境目標的共同核心：阻止全球暖化、恢復生物多樣性和保護海洋。《時尚公約》是法國總統馬克宏（Emmanuel Macron）賦予開雲集團董事長兼執行長弗朗索瓦 - 亨利‧皮諾（François-Henri Pinault）的使命，促使他們在比亞里茨舉行的 G7 峰會上向各國元首提交了《時尚公約》。

《時尚公約》積極地評估其自然資本，並建議消費者在購買服飾時可以採取減少對自然環境產生負面影響的行動。

就時尚品牌本身的提示 ——

⊙了解影響和依賴性。了解自己的企業如何依賴和影響生物多樣性是制訂永續營運策略的第一步。可以採用自然資本協議等工具指導服裝企業識別、評估和衡量其對自然資本的影響和依賴。

⊙投資友善再生農業。實踐減少水資源和使用化學品。與具有經過驗證的可持續發展標準的負責任供應商合作。

⊙對零浪費採取積極立場。時尚界幫助維持生物多樣性最重要的方式之一是限制生產過剩。據麥肯錫公司指稱，製造商的產量平均比需求多出約 20%。大約 25% 的紡織廢棄物最終被掩埋或焚燒。

⊙教育客戶。進行宣傳活動並激勵消費者做出永續的選擇。品牌公司還可以教導顧客如何保養衣服，延長使用壽命。

給消費者的提示——

⊙買得更好，買得更少。透過延長衣物的使用壽命來縮短時尚足跡。選擇真正喜歡的物品，並樂意將其長期保留在自己的衣櫃中。

⊙做一個懂得調查的購物者。了解服裝公司如何採購和加工原料。要求品牌揭露他們正在採取哪些措施以解決對生物多樣性的影響，並支持已制訂了強有力的政策和實踐的品牌。

⊙買二手貨。拯救最終可能被丟進垃圾掩埋場的物品，等於獎勵並肯定許多二手商店所支持的社區重要計畫。

⊙洗衣服時要小心。使用冷水和節水設備，最大限度地減少洗滌過程中釋放的微纖維量。還可以安裝纖維收集袋，在微小的纖維離開機器進入水系統之前撈起。

⊙小心處置。在扔掉衣物之前，可考慮更換或修理衣服。將狀況良好的物品轉贈給朋友、家人或有需要的人；並尋找負責任的方式回收或丟棄無法再用的物品。

⊙將個人支出轉向負責任的時尚，積極貢獻於實現與自然和諧的願景。隨著愈來愈多的服裝品牌開始認真思考永續發展議題，以及消費者要求他們承擔責任時，將可以確保人們對永續時尚日益增長的興趣不僅僅是一時的時尚。

當永續列車
駛進
森川里海

PART 3

從商業經營與
地方創生角度
維護自然永續

化妝品透過可持續的種植，並與社區合作保護環境

開架式化妝品的平價化也造成生產與消費的耗能，不僅涉及產品的採購與生產方式，還涉及產品包裝和使用方式。採用過度開發自然資源和不可持續耕作方式的原料，可能會破壞生態系統和人類生計。產品中使用的有毒化學物質和種植時所使用的農藥，許多成分會被沖入下水道並進入污水排放系統，如果它們無法分解，最終會進入海洋，最終可能會被土壤吸收，甚至污染了空氣和供水系統。這些產品的包裝還堆積在垃圾掩埋場，需要數年才能分解，常常將有毒化學物質釋放到土壤和水道中。

隨著消費者意識的增強，各行業都面臨著為自然採取行動的巨大壓力。道德生物貿易聯盟（UEBT）訪談了 16 個國家 74,000 餘位消費者，發現 82％的消費者認為企業有道德義務對人類和生物多樣性採取負責任的行為。

包括巴黎嬌蘭（Guerlain Paris）、迪奧香水（Christian Dior Parfums）、伊夫黎雪（Yves Rocher）和馬丁鮑爾集團（Martin Bauer Group）在內的 50 多家公司，在道德生物貿易聯盟的協調下，做出了重大聯合承諾，合作鼓勵將生物多樣性和生態系統管理納入企業的主流。從原料採購到生產流程，化妝品產業可以透過許多實際行動—可持續方式種植、收集或採購原料，以解決生物多樣性喪失問題，對自然與人類行動做出貢獻，為了滿足更環保產品的需求，化妝品產業必須解決上述問題。但這也是各品牌確保其所依賴的資源仍可供子孫後代使用的機會。

這些化妝品公司透過遵守《名古屋議定書》，承諾在採購原料時應與原住民及當地社區合作，透過他們的傳統知識、技能、對土地和其他資源的可持續管理來幫助保護生物多樣性。反過來，將使品牌獲得更多、更優質的原料，以生產更永續、更清潔的美容產品。在與供應商合作時，品牌應該能夠追蹤產品的來源、永續性以及為保護生物多樣性所採取的措施。

3C 大廠加入循環經濟，再創新商機

淨零要在 2050 年達標，不僅企業要努力，消費者的覺醒和行動才是關鍵；製造廠商更動不動就推新手機鼓吹大家買新手機。消費者也常受限於電子產品的使用壽命，像是手機電池兩、三年便儲電力銳減。

的確，電子產品所製造的垃圾也劇烈衝擊生態環境，非減量不可。據歐盟調查，全球每年充電器廢棄物高達 1 萬 2,000 噸，當中不少是幾乎沒用過的全新狀態，其中部分源自各家電子設備出廠時隨附各種規格迥異的充電器；歐盟預估，統一充電器規格後，至少可減少 1,000 噸的充電器廢棄物。

採用低碳材質的設計及循環經濟將是淨零關鍵解方。2021年，全球電子垃圾約為 5,470 萬噸，電子電器廢棄物論壇（WEEE Forum）統計，若能妥善回收利用，每噸電子垃圾可減少 2 噸的碳排，促成 3C 品牌大廠加入循環經濟行列，讓垃圾變黃金。

當永續列車
駛進
森川里海

PART 3

從商業經營與
地方創生角度
維護自然永續

宏碁集團於 2022 年承諾將在 2035 年全面採用再生能源，還宣布加入「RE100 倡議」，旗下推出首款以環保 3R 概念打造的筆電「Acer Aspire Vero」，機身和鍵盤各用三成和五成回收塑料，還攜手國家地理頻道，聯名推出「Aspire Vero 國家地理特別版」環保筆電，每次購買都將支助國家地理學會的活動，以資助各種探索與保育活動。面板業的友達深知自己是高污染高耗能產業，減碳從痛點出發，解決高耗能、高排廢問題，久病成良醫的他們成了該領域專家，更將節能減排的技術獨立成子公司友達宇沛，打造年收 10 億的新生意。

蘋果電腦計畫在 2030 年實現全產品碳中和的目標，由 Apple Watch 創下里程碑，成為首款碳中和達標的產品。透過物料、清潔電力和低碳運輸等方面的創新，開發回收機器人，回收電子廢棄材料，逐步削減碳排放。同時，也投資以自然為本的專案，以抵銷剩餘的少量碳排放。三星一年回收逾 50 噸漁網，做成旗艦智慧型手機 S22 的支架和觸控筆元件。軟體資訊產業的 Google 自 1998 年開始，便已經開始專注抵銷碳排放量，成為當時全球第一家實現碳中和的大型企業，不僅百分之百採用再生及零碳能源為目標進行努力，在水資源運用部分，持續透過雨水回收，增加 120% 補充水量，減少消耗當地用水，致力營運全球最綠的資料中心。

種植藍碳才方興未艾，臺灣滙豐早已守護關渡紅樹林長達 20 年。從 2002 年以來，滙豐就與關渡自然公園合作，維護當地的生態。臺灣滙豐委託國立海洋大學海洋環境與生態研究所，定期到關渡自然公園這極其重要的城市濕地，調查境內的紅樹林、蘆葦、水柳等植

物，一旦沉積到水底後，將對土壤裡的生物產生何種影響。同時也觀測，這些植物枯萎後封存在土壤中，可以累積多少碳匯。並且監測水塘的水質，避免優養化，俾使善加管理，發揮最好的生態效果。

這幾年台達電攜手海科館與民間保育團隊，投入東北角珊瑚復育工作，同時號召台達電員工擔任海洋志工，協助復育基地的例行維護及水下作業；經過一年努力，台達電於 2022 年 8 月 15 日宣布公司 50 週年啟動的珊瑚復育計畫完成第一階段育苗，協助復育基地的例行維護及水下作業；並已順利移植至潮境海灣資源保育區，在與海科館、海生館等專家合作及保育團體、企業志工積極參與下，可望於 2022 年底提前達成千株復育目標。

企業經營與生態系統服務保護相結合

企業被要求要評估氣候變遷對營運產生的風險與機會已勢不可擋，在企業填答的 ESG 評比碳揭露計畫（CDP）以及道瓊永續指數（DJSI），2023 年都已經把生物多樣性納入指標中，鼓勵企業先行了解營運過程可能對自然環境產生哪些衝擊，並且訂出未來要達到的生物多樣性目標。

從臺灣企業所登記的營運地址來看，其中將近 2 萬家在方圓 500 公尺內，接臨海岸保護區、國家公園、野生動物保護區或自然保護區等生態多樣性熱點。生物多樣性的 ESG 評比，鼓

當永續列車
駛進
森川里海

PART 3

從商業經營與
地方創生角度
維護自然永續

勵企業定出生物多樣性的目標，了解自身的經營模式，將會對環境可能產生哪些影響，尋找與環境共存之道，並且參與挽救生物多樣的具體行動。

　　對企業而言，對尋找實踐生物多樣性的標的可能較為陌生，可以從臺灣相對成熟的瀕危動物研究，如：黑熊、石虎、穿山甲等，都有很豐富的數據，企業可以和政府部門、學術界合作，參與復育物種行動。又如中興大學園藝系教授吳振發參與近幾年林試所在恆春半島等地方移除銀合歡，重新種植適當的植物的計畫，研究團隊種回以當地高士佛命名的 18 種原生植物，吳振發指出公部門預算和資源都很有限，若有企業願意參與，不僅能推動生物多樣性，還能取得碳匯。而屏科大教授陳美惠則認為，企業可以以實質行動支持里山社區的農林漁牧產品，協助盤查生物分布等，鼓勵企業將投資、管理和採購政策與生物多樣性和生態系統服務的保護和永續利用相結合。

當永續列車駛進森川里海
以生物多樣性為本的淨零、ESG 與永續發展目標

作　　者｜古碧玲
繪　　圖｜蔡靜玫、江匀楷

發 行 人｜林華慶、張豐藤
總 策 畫｜林華慶、廖一光、林澔貞、汪昭華、邱立文
策　　畫｜羅尤娟、黃綉娟、鄭伊娟、石芝菁、陳彥伶

諮詢專家｜王毓正、何昕家、吳振發、周素卿、林思民、林大利
　　　　　林耀東、柳婉郁、洪美華、陳美惠（依姓氏筆劃排序）
美術設計｜陳慧洺
主　　編｜莊佩璇
編　　輯｜何　喬、王雅湘、呂芝萍、呂芝怡

出　　版｜社團法人台灣環境教育協會
　　　　　行政院農業部林業及自然保育署
印　　製｜中原造像股份有限公司
初　　版｜2023 年 12 月
定　　價｜新台幣 450 元（平裝）
ISBN　｜978-986-91132-9-8
GPN　｜1011201910
本書如有缺頁、破損、倒裝，請寄回更換。

農業部
林業及自然保育署
Forestry and Nature Conservation Agency,
Ministry of Agriculture

國家圖書館出版品預行編目資料

當永續列車駛進森川里海/古碧玲執筆.
-- 初版 . -- [高雄市]：社團法人台灣環
境教育協會；[臺北市]：行政院農業部
林業及自然保育署, 2023.12
面；　公分

ISBN 978-986-91132-9-8 (平裝)
1. 自然保育 2. 永續發展 3. 臺灣
367.71　　　　　112018198